气象学家眼中的中国

林之光科学文选

林之光 著

气象出版社

内容简介

本书是作者的一本气象科学文选，书中精选了作者近60年创作中发表的30篇代表性作品。文章视角独特，观点鲜明，所论大都是过去没有涉及或深入的科学问题，有一定可读性。书中内容分为3个部分，即科学编、文化编和哲理编，以文化和哲理作为主线写文章并形成系统，这在同类书籍中也是不多见的，可供读者参考和研究。

图书在版编目(CIP)数据

气象学家眼中的中国：林之光科学文选/林之光著
.--北京：气象出版社，2019.3

ISBN 978-7-5029-6938-7

Ⅰ.①气… Ⅱ.①林… Ⅲ.①气象学-文集 Ⅳ.
①P4-53

中国版本图书馆CIP数据核字(2019)第037024号

Qixiangxuejia Yanzhong de Zhongguo

气象学家眼中的中国

出版发行：气象出版社
地　　址：北京市海淀区中关村南大街46号　　**邮政编码**：100081
网　　址：http://www.qxcbs.com　　**E-mail**：qxcbs@cma.gov.cn
电　　话：010-68407112(总编室)　010-68408042(发行部)
责任编辑：颜娇珑　胡育峰　　**终　　审**：张　斌
设　　计：楠竹文化　　**责任技编**：赵相宁
责任校对：王丽梅
印 刷 者：三河市百盛印装有限公司
开　　本：710 mm×1000 mm　1/16　　**印　　张**：11.5
字　　数：185千字
版　　次：2019年3月第1版　　**印　　次**：2019年3月第1次印刷
定　　价：38.00元

本书如存在文字不清、漏印以及缺页、倒页、脱页等，请与本社发行部联系调换。

目　录

科学编

文化编

哲理编

科学编

吐鲁番盆地、艾丁湖气象科学考察研究记

2008 年夏,《中国国家地理》杂志社组织“极限探索”科考活动,我作为专家组成员,建议到吐鲁番盆地、艾丁湖进行我国“新热极”科学考察。根据考察目的,我设计了这次科考,并作为随队专家一起活动。结果果然获得了我国极端最高气温的最新纪录:49.7 ℃。根据我过去 3 次科考,以及近来对吐鲁番盆地、艾丁湖(吐鲁番盆地底即艾丁湖)中的主要奇异气象特点和自然景观的研究,提炼总结出了本文。

我国 49.7 ℃纪录诞生记

我国过去极端最高气温最高的地方在新疆吐鲁番盆地。吐鲁番气象站(海拔 34.5 米)1949 年后曾两次出现 47.7 ℃高温。但是,它还不是盆地中气温最高的地方。盆地中还有托克逊和东坎两个气象站,海拔分别是 1.0 米和－48.7 米,历史上出现过的极端最高气温分别是 48.0 ℃和 48.3 ℃,只是极少为人所知罢了。

但是 48.3 ℃也不是我国过去的极端最高气温。

大家也许听说过,1975 年 7 月 13 日吐鲁番民航机场气象站(今已撤消)观测到 49.6 ℃这个极端最高气温纪录。可是经过这次考察期间和吐鲁番同行们的研究,已经认定它是不可靠的。因为该站的第一批观测员虽然是吐鲁番气象局负责培训的,但因该站不属于气象部门管理,因此它后来的观测质量、仪器校准和维修等情况,气象部门一概不掌握,以致于该站的极端最高气温纪录比盆地内海拔高度相近的托克逊、东坎等 3 个气象站普遍高出 2 ℃以上之多。这个纪录曾被我的多部著作和多篇

文章引用，并流传海外。因此我愿借此机会声明撤销，并向广大读者致歉。

但是，我有把握我国极端最高气温应当出现在艾丁湖底。因为艾丁湖底海拔是－154.31米，比托克逊、东坎等低100～150米。而气温是随着海拔高度的降低而规律性地升高的。正好这几年夏季，因为农业灌溉用水增加，艾丁湖已经基本干涸，因此我们得以能在夏季中在此进行实地观测研究。

作者在吐鲁番盆地艾丁湖底科学考察

为了使观测得出的结果有权威性，以及应对以后可能的各方面质疑，我建议这次对比观测由主办方委托吐鲁番气象局按国家气象观测规范要求组织实施。天遂人愿，2008年8月初，吐鲁番地区出现了当地多年不见的高温天气。8月3日艾丁湖底，我们在海拔－150.0米高度的观测点上观测到了49.7℃。从而一举大幅度打破了盆地也是全国过去的极端最高气温纪录。

一个地方历史上出现的极端最高气温，在偶然几天的观测中，一般很难遇上。因此一开始我对观测期间能出现多高的高温并不抱有太大希望，而是把重点放在组织艾丁湖底和盆地内3站的同时对比观测上。因为只要艾丁湖底气温比它们都高，我们就可以确定我国新热极就在艾丁湖底。而从湖底气温比吐鲁番等其他气象站高出的程度，我们就可以大体确定我国新热极艾丁湖底历史上已经出现过多高的极端最高气温，这也很有科学价值。而且我还向考察队记者们说，希望艾丁湖底历史上最好要超过50℃，这样新闻效应才会更强。

对比观测进行了4天,结果很是理想:艾丁湖底4天平均最高气温47.0 ℃,比同期吐鲁番气象站的43.8 ℃高出约3.2 ℃之多。也就是说,当吐鲁番气象站历史上两次出现47.7 ℃高温的时候,艾丁湖底实际上已经出现了50.9 ℃(如按4天中最高差值3.6 ℃计算,则是51.3 ℃)左右的极端最高气温。总之,艾丁湖底已经出现过51 ℃左右的高温是没有问题的了。

实际上,根据当时在场观测的吐鲁番气象局的叶科长说,由于当时有小风,把上空的凉空气和地面高温空气混合,否则当时气温超过50 ℃也是完全可能的。

"埋沙熟蛋"与"墙上烙饼"

我国大陆上全年最热在7月,7月份全国最热地方是在号称"火洲"的新疆吐鲁番盆地。"火洲"夏季究竟有多热?

在我国,日最高气温达到或超过35 ℃的日子,称为高温日。吐鲁番盆地中海拔-48.7米的东坎气象站这种高温日最近30年每年平均有107.9天,在全国名列第一。东部地区最高气温40 ℃以上的日子很少见,可称为酷热日。东坎气象站酷热日全年平均有45.8天,也是全国第一(此两数据都是2008年11月我请吐鲁番同行专门统计获得的当时最新全国极值)。吐鲁番盆地海拔-150.0米的艾丁湖底观测点,本次科学考察中出现的极端最高气温49.7 ℃,也是当时全国第一。实际上所有其他夏季高温指标,吐鲁番盆地都是全国第一,而且数值上遥遥领先。

由于吐鲁番盛夏季节中每3天平均有2天最高气温会超过40 ℃,所以吐鲁番同行告诉我说:"(最高气温仅)40 ℃(的日子)算(是)凉快!"他们还告诉我,由于气温过高,温度自记仪器的自记纸刻度已不够用,只好把自记纸的刻度改大10 ℃使用。

1982年6月23日,我出差去乌鲁木齐,特意乘火车在吐鲁番下车停留24小时,体会"火炉高温"。那日最高气温43.8 ℃,记得坐在办公室里,桌上玻璃板都热得发烫,需要铺上毛巾才能办公。由于蒸发失水太多,我每隔一二十分钟便要喝几口水,办公室里的暖壶都是8磅大瓶[①]。夏天出外办事、串门,见到送上的水,感到特别亲切。

---

① 8磅暖壶盛水量约3.63升。

其实，大气的高温是因为地面吸收了阳光热量，再经对流上传加温大气的结果。吐鲁番夏季午后地面最高温度，每年一般都会升到 75 ℃左右。但是，由于过去地面最高温度表的最高刻度也是 75 ℃(现为 80 ℃)，因此曾许多次发生因温度超过 75 ℃而无法读数的情况(报表中记载为“大于 75 ℃”)，甚至几次发生因水银柱升到顶端(约 80 ℃)而发生温度表炸裂的情况。

据记载，蛋白质达到 80 ℃以上时会发生凝固，因此吐鲁番盆地中“埋沙熟蛋”之说是可信的。1966 年夏，吐鲁番气象台的杨步正等几位在一次考察中，曾把几个鸡蛋埋在五星公社卫星大队沙堆阳面沙下，40 分钟后回来，蛋已熟，只有一点蛋黄尚未完全凝固，可见这只是时间问题。当然，把鸡蛋打在滚烫的石头上摊荷包蛋也是可能的。

在 80 ℃高温下，墙上烙饼也并非不可能。1893 年旅居新疆的清代诗人萧雄的《西疆杂述诗》中，就有“试将面饼贴之砖壁，少顷烙熟，烈日可畏”的记载。

当然，也有一些传说是不真实的。例如，说“吐鲁番的狗，夏天热得都不肯叫”“正午时分地面热得汽车轮子会放炮”。这些都是被我们的实践所否定了的。

但是，大家也不必担心吐鲁番人怎能受得了在如此火炉中的长久“高温烘烤”。因为，第一，盆地地形虽有利于升高白天气温，但也有利于夜间降温，因此吐鲁番最热 7 月的清晨平均最低气温甚至不到 25 ℃，所以只是在特别热的日子里，才会后半夜也热得睡不着觉。在过去没有空调的日子里，他们会露宿在自家平坦的、有半人高围墙的房顶上，或者把床搬到自家的庭院中。这些都是我 1982 年夏亲眼所见。第二，即使在高温白天，就算在艾丁湖底也并非热得不能忍受。因为在夏季，吐鲁番也是我国最干燥的地方，湿润的人体在极端干燥空气包围之中，皮肤和肺组织中的水分大量蒸发都能迅速带走巨大热量。

“早穿皮袄午穿纱”并非传说

在新疆吐鲁番民族风情介绍中，一般都有“早穿皮袄午穿纱”的说法。意思是吐鲁番春、秋季中气温的昼夜变化很大，以致早晨冷得要穿皮、穿棉，午后则热得要穿单、穿纱。但是，这只是一种形容。实际上，据我分析，吐鲁番市区(气象站所在地)

还达不到“早穿皮袄午穿纱”这种程度。原因是吐鲁番气象站的昼夜温差还不够大。

例如，吐鲁番可能出现“早穿皮袄午穿纱”的春、秋季中，以风小云少的秋季 9 月和 10 月昼夜温差全年最大。让我们先看 9 月。多年平均来说，吐鲁番午后最高气温 32.0 ℃，清晨最低气温 15.5 ℃。午后热则热矣，但是清晨 15.5 ℃最多穿件毛衣就行了，不必穿皮袄。再看 10 月份，午后最高气温 21.8 ℃，清晨最低气温 5.9 ℃。清晨倒是接近可穿皮袄，可午后却毫无热意，甚至还相当凉，如何能穿纱？也许有人会说 9 月底和 10 月初呢？好吧，那时午后最高 26.9 ℃，清晨最低 10.7 ℃。也就是午不热晨也不冷，早不必穿皮袄午也不能穿纱。

但是，我们 2008 年夏的“热极探索”考察，还真找到了我国真正“早穿皮袄午穿纱”的地方，那就是艾丁湖底。因为这次我们进行吐鲁番盆地 4 站对比观测的后期，即 8 月 2 日和 3 日还进行了清晨最低气温观测。艾丁湖底这 2 天的最低气温分别为 23.6 ℃和 26.4 ℃。这样，这 2 天艾丁湖底的昼夜温差分别为 24.6 ℃和 23.3 ℃，平均约 24.0 ℃。24 ℃左右的昼夜温差，在我国低海拔地区是十分罕见的（北京全年温差最大月 9 月和 10 月均仅为 11.9 ℃）。考虑到吐鲁番盆地春、秋季昼夜温差平均比夏季还要大近 2 ℃，因此艾丁湖底春、秋季昼夜温差平均可高达 26 ℃左右（其中有些日子会更大）。

它意味着艾丁湖底春、秋季有相当多的日子里，午后最高气温可以高达 31 ℃以上（北京 7 月平均最高气温 31.8 ℃），而清晨最低气温又可以低达 5 ℃以下。这样的日子还不可“早穿皮袄午穿纱”？按照我的粗略推算，艾丁湖底秋季日出后 3～4 个小时时间里，气温会上升 16～18 ℃之巨（北京 10 月相应约 8～9 ℃）。真不知道那时人们该如何频繁地脱换衣服哩。

那么，为什么艾丁湖底的昼夜温差会如此巨大？

这主要是盆地地形的作用。因为盆地里天穹弧度小，白天坡上盆底间热量互相反复辐射吸收增温，而又因地形闭塞，盆地内高温热量不易像空旷平地上那样被气流带走；而夜间，除了盆底自身向宇宙空间辐射冷却外，还有四周高坡上辐射冷却的更冷空气，因密度大而下流汇聚盆底。因此盆地底部的昼夜温差是所有地形中最大的。而镶嵌在高峻的天山山脉之中的吐鲁番盆地又是极为陡深的盆地，特别是从天山博格达峰（海拔 5445 米）直落 5600 米，世所罕见。所以艾丁湖底的昼夜温差要比盆地北坡下部的吐鲁番站平均约大 7 ℃之多。

其次，还有干旱气候的原因。因为干旱，白天阳光热量既没有云雨阻挡，也没有蒸发消耗，得以全力升高气温；夜间又没有云、雨、水汽吸收、阻挡地面向太空的辐射，因而得以迅速冷却。例如，与吐鲁番同纬度且海拔相近的吉林四平市，秋季10月平均昼夜温差就比干旱的吐鲁番气象站小近4 ℃。

艾丁湖底是我国唯一真正可以“早穿皮袄午穿纱”的地方，是我在这次气象科学考察中研究发现的。

冬如冰窖夏火炉，夏吃羊肉冬吃瓜

除了“早穿皮袄午穿纱”以外，吐鲁番盆地还有一个谚语，叫作“吐鲁番一年只有两季，西伯利亚的冬季和撒哈拉的夏季”。这个谚语有两个意思，一是吐鲁番盆地没有春、秋季。我认为这个说法过于夸张，因为按照我国气象部门目前标准，吐鲁番春、秋季都有40天左右，只比同纬度东部地区短十来天罢了。这句话的第二个意思是，吐鲁番盆地的冬季很冷，冷得像在西伯利亚；吐鲁番的夏季很热，热得像在撒哈拉大沙漠。我认为这句话基本上是靠谱的。

第一，吐鲁番1月平均气温－9.5 ℃，极端最低气温－28.0 ℃，大体和辽宁中部地区相仿。虽然没有北邻西伯利亚那么冷，但也常有滴水成冰的严寒天气。吐鲁番之所以冬冷，主要是因为它常受北方西伯利亚南下冷空气的影响。

第二，吐鲁番盆地夏热的确可和撒哈拉相比。20世纪70年代我曾为中国地图出版社研制《非洲大地图集》中的气候图幅，7月平均气温图上撒哈拉大沙漠地区2/3面积尚在32 ℃以下，而吐鲁番7月平均气温高达32.7 ℃。吐鲁番盆地艾丁湖底之所以夏热，前面说过，主要是因为其负的海拔、陡深的盆地地形和干旱的气候。

不过我发现，虽然吐鲁番冬冷不如西伯利亚，夏热不如撒哈拉最热处，但是它兼有如此的冬冷和夏热，却绝对是世界第一。因为冬极寒的地方，只能在中高纬度，夏极热的地方，只能在中低纬度，即这种气候只能发生在中纬度。而在中纬度，只有东亚才是世界同纬度上最冬冷的地方；只有海拔－150米、干旱地区和深陷盆地才可能有撒哈拉般的夏热。世界上中纬度地区还能有第二个类似吐鲁番盆地的自然条件？

实际上，正是因为冬极冷而夏极热，春、秋季升降温极为迅速，吐鲁番盆地才春、秋季极为短促。

下面再说一件与此有关的怪事，即在这“冬冷可比西伯利亚，夏热可比撒哈拉”的地方，竟然能够“夏吃羊肉冬吃瓜”。这个结论也是我在这次考察中总结出来的。

这句话看起来怪，其实却不怪。

羊肉是吐鲁番人喜爱的主肉食，全年都吃，夏季不吃羊肉吃什么？我们在盛夏考察期间也曾吃了好几顿“白煮羊肉”，且一点都不膻，美味极了。连年轻女记者们也大快朵颐。我们吃了也没有上火。因为羊肉虽热，但那里盛产西瓜，西瓜乃大寒之品，可以去热。而吐鲁番盆地因为气候干燥，西瓜只要不接触地面很容易保存到冬天吃。这也就是当地冬季能“围着火炉吃西瓜”的原因。

而且，根据中医理论，夏季是大自然中阳气最充足的季节，人体阳气也最充足。夏季吃羊肉可以起到内外夹击，驱除体内陈寒的功效。这也是时下流行“冬病夏治三伏贴”的理论依据。实际上，吐鲁番人冬季羊肉吃多了，也要靠西瓜来解热。

可见，羊肉和西瓜基本上是吐鲁番人冬夏都吃的食物，只是因为我国东部地区的人夏季一般不吃羊肉，冬季过去一般吃不到西瓜，因而听到“夏吃羊肉冬吃瓜”的说法，才会产生令人惊奇的感觉。

干旱盆地中的湿润天气和洪灾

吐鲁番盆地既是我国夏季最高温的地方，又是我国夏雨量最少的地方，因此它也是我国夏季最干燥的地方。

吐鲁番盆地的少雨干燥，使得这里的文物古迹得以长期保存。例如，吐鲁番市郊国务院重点文物保护单位苏公塔，全用土砖砌成，高44米，历经230年之久而毫发无损，“外雕”精彩依然。再如我们科考队参观的另一国务院重点文物保护单位交河故城，也因气候干燥而虽历时两千年但断垣残壁仍能巍然挺立。

吐鲁番的夏季高温干燥，使得无核白葡萄成熟后还有足够时间（30～45天）进晾房中自然风干。因而色泽鲜绿，号称绿珍珠，含糖量高达60%以上，畅销国内外。晾房用土砖十字中空砌成，外形颇为美观。有时许多晾房连成一气，形成建筑群，成为当地的独特人文景观。

吐鲁番盆地夏季高温而干燥，紫外线又十分强烈，因此居民一般不在阳光下晾晒衣服，用他们的话说就是要把衣服"晒毁"了。但是，这里却因此成为了全国油漆老化试验的最理想场所。

实际上，吐鲁番的干旱气候不仅让活人舒适，不受闷热、蚊蝇之苦，连死人也"受益"。因为古代简埋的尸体能迅速脱水自然风干成为木乃伊，得以长期保存。我国迄今发现的年代最早、保存很好的古尸，正是出现在这种干旱气候下的哈密盆地，距今已 3200 年，比长沙马王堆古尸还要早 900 年左右。

但是，吐鲁番盆地也并非完全不下雨。1949 年以来，吐鲁番气象站每 10 年中平均有 7.3 天小雨（日雨量 0.1～9.9 毫米），有 1.9 天中雨（日雨量 10.0～24.9 毫米）。吐鲁番气象站 64 年历史中甚至还有过一场大雨（日雨量为 36.0 毫米）。

那么，如果在如此极端高温干旱的夏季吐鲁番盆地里来上一场中雨，大自然会发生什么样的巨大变化呢？

1960 年 7 月 18 日就是一场刚够标准的中雨，日降水量 10.9 毫米，阵性降水时间共 14 小时 15 分钟。这场中雨使吐鲁番站午后 13 时气温从雨前的 38.8 ℃陡降到 20.2 ℃，即降低了 18.6 ℃之多；而吐鲁番站清晨最低气温，则从雨前的 28.6 ℃陡降到 15.1 ℃，即也降低了 13.5 ℃之多。也就是说，一场刚刚够格的中雨竟然就使得吐鲁番盆地从酷热夏季一下变成了宜人的春、秋天气。而同时，雨后的空气湿度猛升，13 时相对湿度从雨前的 17%猛升到雨后的 81%，次日 01 时更升到了 84%（1958 年 8 月 14 日大雨中甚至达到过 98%）。也就是说，一场刚够格的中雨，竟可使极端干旱地区出现江南水乡的空气湿度。这可真是翻天覆地的巨大变化。当然，这种雨后低温高湿天气不可能持久。一旦云散日出，地面蒸发干燥，又会恢复原来样子。20 日午后最高气温就已回升到 37.9 ℃，13 时相对湿度则又降到了 23%。

更令人惊奇的是，极端干旱的吐鲁番盆地竟然也常闹（局地）水灾，尽管盆地本身降水量很小。原来这是因为降水量一般是随着海拔高度的上升而增加的，吐鲁番盆地以北和以西的天山山区高处降水量常可以比较大。例如，1981 年 7 月 19 日，吐鲁番本站降水量仅 1.8 毫米，但却发生了百年不遇的大洪灾，葡萄沟口分水闸洪水流量 321 米^3/秒，3 人因灾死亡。同样，1987 年 7 月 27 日托克逊本站日降水量仅 0.4 毫米，可是北侧白杨沟，西侧阿拉沟突发洪水，洪水最后还冲进了托克逊县城。当然，如果本站降水量较大，山区高处降水量一般就更大了。例如1996年7月20日托克逊本站降水量7.1毫米（超过年平均降水量），结果各河流山洪总流量1570米^3/秒，百年不遇的特大洪水突袭托克逊。据托克逊气象报表记载，这次山洪共淹农田10万余亩[①]，冲毁房屋2万余间，受灾人口2万余人，总经济损失达5.1378亿人民币之多。

特殊防风装备：挡风墙和铁马甲

盆地中地形闭塞，气流不畅，因而一般风速小而大风少。可是吐鲁番盆地有些地区恰恰多大风，而且吹得全国有名。

吐鲁番盆地的北侧和西侧是高大的天山山脉，山脉的东、中段有两个比较大的缺口，即盆地西北方的达坂城峡谷和吐鲁番地区东北角的十三间房附近的峡谷群区，它们是北方冷空气南下经天山进入南疆的主要通道。由于峡谷中气流截面积减小，流速增加，气流的狭管效应使这里成了大风区。前者称为三十里风区，后者称为百里风区。三十里风区中的达坂城气象站，年平均风速超过6米/秒，8级以上大风年平均143.8天，是新疆除了阿拉山口以外风速最大、大风最多的气象站。大风曾多次吹翻火车，造成旅客死伤，惊动全国。

1977年5月11日，达坂城飞沙走石，把正在通过的火车窗玻璃全部砸碎，还吹翻了9节车厢。此后，便在风速最大的几个地段修筑了高约2米多，下宽上窄顶部弧圆、看起来有点土气的土质挡风墙。1982年6月我还曾在达坂城火车站看到过这个中国铁路史上的特殊建筑物。2008年2月28日达坂城峡谷南端小草湖附近，大风又吹翻了南疆铁路上正在行驶列车的11节车厢，造成4人死亡，30多名旅客重伤。此处之后建造的蓝白色相间的挡风墙便比较壮观也比较美观了。

其实，达坂城峡谷中更怕大风的应该还是汽车。因为汽车个体比火车小得多，且公路通过的峡谷一般也比火车更窄。因此当地汽车司机特别关心天气预报。1996年10月我作为中央电视台《正大综艺》气象专集科学顾问来此拍片，司机新疆电视台穆师傅告诉了我们很多趣事。他说常走达坂城的汽车车皮上没有伤痕是不

---

① 1亩≈666.7平方米，下同。

可能的。一个石子打来，车皮上就有一个点掉漆，打多了，车子迎风面甚至露出了原色。他说，大风飞石时行车，车内的感觉如同在枪林弹雨中一般。现今达坂城河谷中风最大的地方，公路都来去分道，两道间甚至相隔百米。这主要就是为了避免大风时车辆会被挤压、碰撞而造成事故。

20 世纪 90 年代初我在中国气象报社任职期间，曾刊登过一篇有关达坂城大风的文章。作者是一位军人，在那儿住地窨（他们叫“卧铺”）一年，在大风中遇到过许多尴尬事，帽子、脸盆吹跑后经常追不回来。他还曾细心观察过，大风时解放牌大卡车即使加大油门，顶风行驶时速度最快也超不过 10～20 千米/时。还是这位军人，在文末用了一大段文字念念不忘利用当地大风的风能。现在，他的愿望已经初步实现，几百台巨型风机分布在达坂城峡谷之中。达坂城空吼了千万年的大风终于“改恶从善”，为人们产出清洁环保的电能了。

达坂城峡谷中的西北大风，在离开峡谷南端后并不立即停息，而是一直向南，冲进了吐鲁番盆地西部，使谷口南 60 千米外的托克逊气象站年平均大风日数也高达 108.2 天，而它以东仅 50 千米的吐鲁番气象站，因为不在风道上，年平均大风只有 26.8 天！

吐鲁番盆地西部大风区电线杆下部的防风铁马甲

在这条大风主流所经之处，盆地的干旱沙土地面也出现了明显的不对称波纹状的风蚀地貌，波高一般不超过 10 厘米。有趣的是，由于这里大风多，风卷沙石打在电杆木上，木杆很快就被打烂。水泥卵石杆也不经打，不出一二年就露出了卵石。所以，不得不在水泥电杆的迎风面下部（约 3 米以下）穿上半圆形的“铁马甲”，这是当地对付大风的又一种特殊“装备”。更有趣的是，百里风区中为预报大风而专设的气象站，也因深受大风灾害，不得不搬到 5 千米外的安全地带去了。

令人惊讶的是，达坂城峡谷中竟然也有相反方向的大风，即东南大风。在早春和晚秋季节中，当冷空气通过天山以后使南疆盆地升压，而北疆盆地却在晴天大太阳照射下迅速升温而进一步减压，因而天山两侧气压场便呈相反的南高北低了。这种通过达坂城峡谷的东南大风，和西北大风一直可以南冲到托克逊一样，它也可以继续向北冲到乌鲁木齐南郊一带造成灾害，几次使乌鲁木齐全市一度停电。这种东南大风日数大约占全年大风日数的10%。

曾在新疆任职的唐代著名诗人岑参在一首诗中说道："轮台九月风夜吼，一川碎石大如斗，随风满地石乱走。"据当地人考证，古轮台就在今乌鲁木齐市南郊这一带。

艾丁湖底的童话仙境

蜃景是一种光学折射映象，主要可分上现和下现两类。我国上现蜃景主要出现在春、夏之交北方沿海海面上（例如山东蓬莱海面）。这是由于海面冷凉，海面上空气相对暖热时，使光线折射弯曲，把远处本来位于海平面下的（多数是岛屿）的景物抬升到海平面以上，使我们得以看见。由于岛屿上可有亭台楼阁、行人熙攘，因此蜃景旧称"海市蜃楼"。之所以称为"蜃"，是因为古人认为蜃景是由蜃（大蛤）吐出的气形成的。

大型下现蜃景一般见于内陆干旱沙漠地区。阳光下地面高温，上空空气相对较凉，使光线发生向下弯曲，把前方天空（一般是淡蓝色或白色）折射到前方地面。因此下现蜃景一般都是淡蓝色或白色的大湖（大河），常引得干渴旅人空欢喜一场。

2008年7月22日中午我们初到艾丁湖底时，曾被一条没有河床的东西向大河拦住去路。这条由天山高处下大雨形成的临时性大河很宽，窄处估计也有十多米，水面平静，但仍可察觉它从西向东流去。可是，当我们第二天再到原地，这条浅大河因为下渗加蒸发竟然消失不见了。这是我们在艾丁湖底看到的第一条大河。

记者们问起大河的成因，我的解释是，主要是盆地的西侧和北侧的天山高处下了大雨（是夜吐鲁番也有零星小雨），水经山间河谷一直流到了艾丁湖底。但最终能直接证明这条大河是外水的，一是河水是淡的而不是咸的，二是水是浑的而不是清的。当时北京电视台记者石峰先生曾亲口尝过，正因为惊其不咸而来问我。

7月23日上午，当我们到达湖底不久，就听见吐鲁番气象局吕科长喊了一声：

"可能是蜃景出现了。"随他手指，我们都发现前方（东方）有一大片白色水面，南北向，呈宽带状，也像条宽的大河。一开始我并不相信这是蜃景，因为东方正是昨日大河的下游，是不是大河下游（或艾丁湖可能残存湖区）的水还没有干呢？

经过观察和思考，我开始相信是蜃景了。但如何证明它呢？我问考察车队3位司机师傅，这水面离我们大约有多远？一致回答是3～4千米。我建议我们先开一辆车到前方3～4千米处看看，那里是否有水。于是吐鲁番气象局叶科长应声亲自驾驶车辆飞驰而去，在3.5千米处报告水面还在前方3～4千米。我心中明白是蜃景无疑了。于是我们3辆考察车继续前行去体验，在一定距离时我发现前车正驶在那"水面"之上。通过对讲机联系，确认前车并未驶入水中。

至此已真相大白。于是我回答记者们的集体采访，讲解了蜃景形成原因。说明今天我们看到的"大河"，实际上就是前方天空的倒映象。我解释，其实我们在城市中有时也能看到这种蜃景，只不过面积很小而已。即夏季晴天中前方黑色路面上老有一汪或一条白色的"水面"，但我们永远也追不上它，正像今天我们汽车追"大河"一样。后车上的人看到前车行驶在"水面"上，而前车却说自己行驶在陆地上。这清楚证明了这是一种大气光学现象而非真水域。

其实，我一开始怀疑这不是蜃景，还因为这条"大河"中及周边有一些深绿色的"斑点"，很像是植物丛。既然"大河"是天空的映象，天上怎么会有植物丛？实际上，这种下现蜃景"大河"，和城市中的黑色路面上的一汪"水"一样，并不妨碍地面上有其他东西（包括汽车）同时出现。我的上述怀疑并非没有根据，因为真正大沙漠中的下现蜃景（蓝色"大湖"或"大河"）中是绝对没有植物的。

有趣的是，当我们研究完这条东方"大河"，返回吐鲁番市进行其他考察时，却看到了西方同样有一条"大河"。而且因为"河"中有两幢淡红色艾丁湖景区筹备处建筑物，其下端又被"河水"围绕，考察队员们惊呼其为"童话仙境"。

充满了奇异矛盾的吐鲁番盆地

从上可见，吐鲁番盆地充满了奇异的矛盾：这个地方夏季热得可以与全球最热的热带撒哈拉相比，而冬季又冷得接近北半球寒极——寒带西伯利亚；这个地方春、秋季节午后可以热得像夏天，而清晨又可以冷得像冬天；这个地方虽然是我国最干旱的地方，但一场雨后却可以有江南般的湿润，以至发生局地洪灾；这本是风小的盆地，却又是我国著名的大风区，吹得翻火车，吹得电杆要装铁甲；这本是个“不毛之地”，却会有美丽的“童话仙境”；这本是个自然条件极端恶劣的地方，却诞生出了我国唯一的长绒棉和著名瓜果生产基地！

这些矛盾的出现，都是因为一些极端自然条件的组合。即干旱的大气，－154 米的海拔，以及深陷而又有缺口的盆地地形，等等。这种不利条件的“强强联合”，反而创造出了局地性的有光、有热、有水的极为有利的农业气象条件，在人的努力下，成了一个特殊的富庶盆地！

漠河-39 ℃寒事记趣

1996年11月，为了庆祝中央电视台《天气预报》节目开播15周年，国家气象中心和中央电视台合作，推出《正大综艺》气象专集（第341期，1996年12月8日播出）。我作为科学顾问，随两单位组成的摄制组到黑龙江号称“北极村”的漠河（这里曾出现我国极端最低气温纪录－52.3 ℃）拍摄，结果正好遇上强冷空气南下，11月9日最低气温－39 ℃，使我们工作十分顺利。途中记下许多拍摄趣事，供读者一乐。

11月9日清早，我们刚走出旅馆大门，年轻队员们纷纷诉说，鼻腔中有“喀嚓喀嚓”的轻微响声。开始我还不信，有个姓宁的年轻队员告诉我，他曾在这里附近上过高中，学生早起要跑步，有时鼻子会痒痒，捏几下有时还会有小冰球掉出来！原来，这是因为鼻子中呼出的暖湿气流在鼻腔出口处遇到严寒空气之后在鼻毛上结成冰，并随呼出气流发生震动的结果（跑步时呼吸量更大，便可能形成小冰球）。我已年届六十，鼻毛剩下不多，自然难有此有趣体验。

漠河“神州北极”碑

然后，我们来到黑龙江边“神州北极”碑拍摄。当主持人杨丹小姐说到因为严寒，脸部冻得说话都不利索时，旁边漠河气象局副局长告诉我们脸冲着太阳可以缓解。果然，因为漠河大气清洁，太阳虽在天边，但不像大城市中那样又大又红，而是几乎像中午那样亮白耀眼，很有温暖感。

人冷，机器也冷，严寒把摄像机润滑油

冻了，摄像师就用手动代替自动；工作了一阵子，有的人想要抽支烟，可是打火机老打不着火，原来是因为气温太低，热量散得太快，火绳不易达到燃点的缘故；我一向好使的圆珠笔也写不出字；小伙子为漂亮穿的薄底皮鞋，直冻得不断跺脚。

拍摄中，一个最有趣的现象是，人一张口，就有一根白色雾棒射出来，而且会像音乐喷泉那样不断伸缩长短；如果几人同时说话，还有点像交响乐合奏那样的感觉。更有趣的是，气棒所及，黑发立马被“镀”成白发；姑娘鼻下的汗毛，也会变成可见的“白胡子”。

其实，我们 11 月 9 日最早拍摄的异常现象是漠河的炊烟。因为这里冬夜漫长，地面因为大量向宇宙空间辐射失热，地面最低温度常常在 −50 ℃左右，因此气温随离地高度升高上升（称为“逆温”）极快。逆温特强的结果，使得清晨炊烟很难向上和向四周扩散，烟柱被憋得又矮、又粗、又浓。北极村数百户炊烟齐齐并列，在夜空中显得极为壮观，人称“大兴安岭炊烟”。

可能有读者会问，漠河如此严寒，民居如何适应？

我们也想到了。经乡政府安排，我们来到漠河村冯显宗村长家采访。这是当地标准的“木刻楞”房。1969 年建成，用了五六十方木材，据称 100 年不坏。房屋的墙用粗大的方木横钉并糊泥粉刷而成。房顶用锯木屑隔热，压实后还有约 40 厘米厚。他家正屋三间，面积约 80 平方米。两侧是卧室，中间堂屋是做饭吃饭的地方。堂屋两侧墙壁兼作取暖的火墙（大“暖气片”），因为墙中有曲折的烟道，烟道下通堂屋的炉灶，另一头上通屋顶的烟囱（均左、右各一）。白天烧水、做饭、熬猪食，就把火墙和火炕（卧室暖气）给烧热了。当地居民平时都烧杂木，但隆冬季节光靠三顿饭的热量取暖是不够的，而且一炉杂木 20 分钟就烧完了。因此夜间炉里要填煤，才能保证 17 小时长夜中室内一直温暖如春。

在漫长严寒的冬季中，室内通过门窗损失的热量很多，因此当地房屋都用双层窗户，而且外窗外再蒙上一层透明塑料布，以增加保暖效果。为了防止开门时冷风大量进入室内，这里的门也是双层的，进外门后先关外门再开内门。但就是这样，一不小心，有时还会吹进来半屋子云雾，因为室外严寒空气迅速降低了室内气温，使空气中水汽迅速发生凝结。不过这种室内云雾生消都极快。由于两层门窗之间的距离很宽，冯村长在双层窗户之间的窗台上放了几盆塑料花果，颇有几分窗明几净的感觉。对比人的暖室，漠河的猪可惨了。但那里的猪是耐寒的杂交品种，零下三四十摄氏度下虽冻得通红，但照样生长良好。看到我走过去，胖乎乎的猪鼻子里喷着气棒走过来向我讨食吃。

冯村长还向我们介绍了这里家家都有，但别处却一般没有的一种“装备”。他们的院子很大，院子里都有一根5～10米长的简单杠杆，这根杠杆乃是专门用来吊起菜窖中的菜蔬的。原来，漠河年平均气温－4.9 ℃，在地下约2米深处就有一层1.5～2.0米厚夏季也不化的永冻土，因此家家不得不深挖6米左右修菜窖。但如果窖的口子挖大了不易保持住储菜需要的零上气温，所以口子小到只能容一个人上下。因此当人在窖中把菜篮装好后，需要另一个人在远处用杠杆提起来。如果不是看到他们的演示，我们是无论如何也猜不出这副杠杆竟会是这般用途的。

下面这桩趣事有点难以启齿。漠河当时虽因有“北极光”等自然风光而著名，但仍基本保持原来居民点的风貌。我们住宿的“北极村旅店”是个个体旅馆，5间房13个床位。但达到这个规模的个体旅馆全村也只有四五家。这里的简易厕所都在室外，我们这个旅馆更远在百米之外，大概是借用别单位的公用厕所。厕所是木质通风的，大便的蹲坑和当时其他地方也差不多，就是在木地板上开一个长方形的槽口。当下面－39 ℃（实际上，贴地面空气的温度，如前所述，是比气象站百叶箱中1.5米高处的温度表刻度更要低许多的）的寒风嗖嗖上吹，和37 ℃的皮肤“亲密接触”时，其切肤透骨之寒我至今未忘。

2016年冬全国大冷，1月23日内蒙古、黑龙江出现－40 ℃左右低温，电视台曾播出人工挥洒热水成冰雾的奇观，其实这种现象自然界中就有。黑龙江一般11月上中旬之交封江，次年四五月之交开江。因为漠河最冷1月平均气温低达－30.9 ℃，每年黑龙江最大冰厚都可达1.5米左右，已可通行载重汽车、坦克。我们到达当天，江中心仍有一条不太长的“缝隙”尚未封冻。四五十摄氏度的水气温差使“缝隙”处江面空气中水汽迅速凝结成雾，并因温度高、空气密度小而上升冲起，形成一幕自然冰雾墙。据我现在回忆，高度至少在10米左右，比电视中冰雾表演壮观多了。

最后再说一件趣事。2016年冬电视台还播出了湿猪皮接触室外铁门被冻住、撕不下的镜头，我们这次拍摄也听到类似情况。临走前我们参观江边22米高的漠河边防哨楼，他们指着门边的春联说，这是上级慰问我们的，我们只要用水一刷，贴上就行了，而且比浆糊还牢，一冬不掉。原来是冻在上面了！

亲历“魔鬼城”

因为庆祝中央电视台《天气预报》节目开播15周年，我作为气象科学顾问，随同《正大综艺》气象专集摄制组赴新疆对克拉玛依市乌尔禾区的“魔鬼城”进行了拍摄。

“魔鬼城”印象

克拉玛依位于新疆西北部，是我国著名的石油城。乌尔禾是克拉玛依市最北的一个区，与克拉玛依市相距约100千米。乌尔禾人口约1万，在这“百里无人烟”的地方，也可称得上是个热闹繁华的“大城市”了。由于风大，乌尔禾别称“风城”，我们也正是住宿在镇上“风城饭店”之中。“魔鬼城”方圆数十里，位于乌尔禾东北方8～9千米。

“魔鬼城”远看，确实很像“城堡”。其中“建筑物”林立，与周围平缓山区或河谷平原对照，显得十分特殊而神秘。为了能深入了解，我们驱车进入了“魔鬼城”的一条宽敞的“大街”。“大街”的南、北两侧是各种形状的高大“建筑物”(“魔鬼城”中岩石“建筑物”的高度一般在10～30米)。但令人叫绝的还是在这些“建筑物”上的许多象形岩石。例如，就在这条“大街”上，有一个高大“建筑物”顶上长着一个公鸡脑袋，鸡冠和鸡嘴等都惟妙惟肖。还有一个像马头，双眉、双眼、鼻子都很像，一直到上嘴唇，头顶上还长着两只竖起的耳朵；如不算这两只耳朵，也很像一张老人的脸。有的岩石像一只巨大的靴子，有的则像巨大的蛋卷奶油冰淇淋……

起初我还企图找出“魔鬼城”的代表“建筑”，但后来发现这根本没有什么意义。因为这里荒无人烟，根本无人管理，就更没有人来命名景点了。

第二天，我们又从另一条小路进入“魔鬼城”，在一个平顶的巨大塔形岩石下现场拍摄。因为汽车不能通行，我们走了很长一段路。中途在一个不高的崖上，中央电视台冯际庆主任记者灵感一现，发现了一块奇石。他跪倒，斜拍，镜头一拉，一个高鼻子“人头”就惟妙惟肖地摄入了镜头，奉献给了《正大综艺》的广大观众。其实这个“人头”大约比真人头还略小些。我试着前进了两步，这个“人头”便成“鸭头”了。“魔鬼城”的所有象形石，也都是这样移步换形的。在这里，只要仔细观察，每个人都能在特定的位置和角度发现一个奇景。

“魔鬼城”的成因

“魔鬼城”是一种风成地貌，即主要由风力吹蚀岩石所形成，而并非古代城镇遗址。除了乌尔禾外，新疆、甘肃等多处也有这样的风蚀城堡。在 2 亿年前，这里还是一片汪洋，海底沉积了一层层水平岩层，泥岩和砂岩常相互交叉叠置。后来地壳上升，沧海变成陆地，水平岩层露出地表，受到大风侵蚀。由于砂岩较硬常残留成为“建筑物”的平顶，而泥岩较软，易于风蚀，因而这里才能形成由顶部较平而个体形状千奇百怪的“建筑物”组成的“城堡”。

其实，这种风蚀城堡的形成，并非全是风的功劳，其中也有雨水的一份贡献。正是雨水在这种水平岩层上冲蚀出沟沟壑壑，风力才能进行重点加工。两者长期通力合作，才有今日“魔鬼城”的形象。别看这里年平均降水量只有 100 多毫米，但夏季中也有中雨以至大雨。何况千万年历史中可能有的时期降水量比现在大得多。雨水的这种加工，目前仍在进行。例如，许多坡上由水流蚀成的条条冲沟十分醒目；还有，这里岩层颜色有红有黄，雨水把红色岩层的红色向下溶流，把下面岩层染红了一大片，这种夏季雨后的红色“瀑布”虽已干涸，但其流水形态仍栩栩如生。

但是，为什么乌尔禾地区风蚀城堡只形成在区区数十里[①]方圆的“魔鬼城”呢？

我认为，主要是因为“魔鬼城”地理位置和地形特别有利，使“魔鬼城”范围内的

① 1 里＝500 米，下同。

风速特大之故。

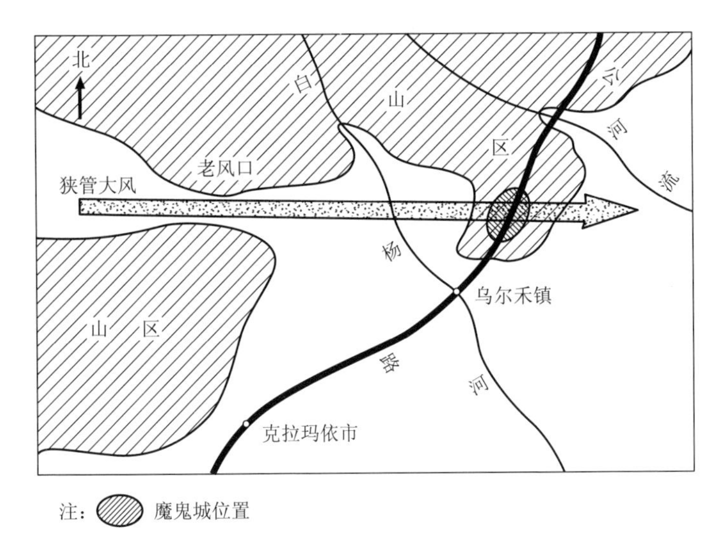

魔鬼城形成原因示意

从地理位置说，“魔鬼城”位于新疆著名的老风口的正东方。狭管地形使从中亚来的西风在此流线密集，风速骤然加大。“魔鬼城”中“大街”多东西向正是这个原因。

从地形图上也可以看出，“魔鬼城”位于从中哈边境山区向南延伸的一条宽平山脊的前端。其南，便是低平的白杨河谷，山脊东、西两侧的地势也比“魔鬼城”低得多，风速自然偏小。其北，则已迅速偏离老风口地形狭管大风的主流风道。总之，只有隆起在老风口大风急流主道上的“魔鬼城”风速最大，在这里出现风蚀城堡便是很自然的了。

最后，大风形成了风蚀城堡之后，它自己不得不在其中迂回曲折，艰难前进。其声音也不是昔日单纯的呼呼声，而是变成了凄厉的“鬼哭狼嚎”。这是“魔鬼城”得名的另一个原因。

“魔鬼城”的未来

和世界上任何事物一样，“魔鬼城”也有它产生、发展和消亡的历程。“魔鬼城”诞生以来，由于风雨的侵蚀，其形态一直在不断改变。较软岩石被吹蚀的速度较快，使这些“建筑物”不断崩塌，高度不断降低。我们曾登上许多“建筑物”，其顶部多松软异常，脚印可以深陷几厘米。不难想象这样疏松的沙土在大风中被吹蚀的速度会多么惊人。

不过，风、雨同时也在不断侵蚀、下切城堡中的“街道”，即，使“建筑物”相对高度增加。因此，只要“魔鬼城”一天隆起在老风口的主流风道上，它的形态变化就一天也不会停止。一位哲人说过，人不可能两次走进同一条河流。同样，我们也不可能再走进同一座“魔鬼城”。

珠峰的奇异大气光象

2015 年 11 月前后，北京各电影院中上映了《绝命海拔》和《喜马拉雅天梯》，这是两部分别讲述从南坡和北坡登顶珠穆朗玛峰（以下简称“珠峰”）的影片。展现了那里低温、大风、旗云、冰川、雪线等许多高原自然风光。本文则专门说说珠峰和青藏高原高海拔地区的许多奇异大气光象。

珠峰虽号称“世界第三极”，但这仅仅是从低温角度而言的。南、北极和珠峰自然条件还有许多重大差异，其中最大差异应该是空气密度。珠峰的奇异大气光象的形成，主要就是因当地空气密度小而造成的，方式主要有阳光的散射、折射、吸收，以及空气流动等几个方面。

空气密度是随海拔高度的上升而减小的。例如，在 5500 米高度上，大气密度约为海平面上的一半，珠峰 8848 米高度上大气密度大约只有海平面上的 1/3，即每立方米空气只有约 450 克质量（海平面上约为 1226 克）。空气密度小，即空气中大气分子数量少，会使太阳光通过大气层时的分子散射光（蓝色）强度减弱。所以珠峰影片、照片上天空的蓝色会显得发暗、发黑。在一次科考中，我曾站在云南云岭山脊上（海拔约 4300 米，我们的气象观测点）仰视天空良久，想到这暗蓝色天空的后面，便是黑色的无垠宇宙太空，心中竟然产生了些许莫名的恐惧。其实，当我们乘坐大型民航客机在 9000～10 000 米高空巡航时，还会看到更暗的蓝色天空（但天边，因光线经过的气层较厚，因此颜色会相对亮白些）。

1991 年 3 月 26 日，因《中国气候资源》科教电影事我飞赴海南，北京 14 时 15 分起飞，17 时 30 分到达海口。飞行全程中天空都有日月相伴：太阳在飞机西南方，月亮在飞机东方略偏北。这种奇景地面上是看不到的，这也是因为高空大气极为稀薄，散射光强很弱，即使高空中的太阳比地面更加耀眼，但月亮依然十分清晰，并不被阳光的散射光所掩盖。当然，也因为大气层中最高的云一般都在万米以下，不能在高空遮蔽日月。

同样，因为阳光散射光线的减弱，在珠峰和青藏高原上，阳光下人物及其影子会显得更加黑白分明。例如，在阳光侧射情况下，电影或照片中的正面人脸，阳光侧会特亮白，而背光侧则特黑，甚至几乎看不清模样。此外，阳光下物体会因日照而温暖，背光侧（或室内）则十分阴冷，“日照胸前暖，风吹背后寒”。例如，有一次我在昆明，5 月，室内，当太阳突然从云中钻出来，通过窗户照到脚背上，竟然灼热得吓了我一跳！而昆明海拔仅 1895 米。

2006 年 7 月 1 日，青藏铁路正式通车，这是世界上最高（平均海拔 4500 米，最高 5072 米）和最长（全长 1142 千米）的铁路，人称“天路”。在电视新闻中，施工隧道口周围和隧洞内阳光所及的地方皆十分明亮，而隧洞内照不到的地方则一片漆黑，也都是因为高原散射光极弱的缘故。

再说紫外线。珠峰和青藏高原上，当阳光通过稀薄大气层时，其中的紫外线被大气吸收掉的极少，因而会十分强烈。这就是高原上藏族同胞眼睛白内障高发和颧骨上部（较垂直于阳光）被晒得黑红黑红的原因。因此过去的青藏铁路工地上曾有制度，规定出工前都要“涂脂抹粉”，即带上太阳镜，涂上防晒霜和唇膏。高原工地上男人要做平原上女人做的事，也是一件新鲜事。

此外，雪盲，也是因为雪面大量反射高原阳光中强烈紫外线进入眼中，损伤角膜和结膜而造成的一种暂时性失明的眼病，如不处理有时后果会很严重。

珠峰和高原上大气折射造成的奇异大气光象，还包括太阳在上山和下山时都不变形，即太阳直径在上山和下山时不比中午时大，阳光热力早晚时也不比中午差。我国古代著作《列子》里有个《两小儿辩日》的故事，说的正是这件事：正在辩论的两个小儿求解孔子的问题是，早晚和中午哪时太阳离我们近？如果说早晚近，为什么中午太阳热力强？如果说中午离我们近，那为什么早晚太阳个儿比中午大？孔子只好实事求是地说他不知道，但两小儿还不放过他：“孰为汝多知乎？”（具体详见本书《孔子能够回答〈两小儿辩日〉吗》一文，这里不再重复）如果他有机会登上 3000 米的五台山或者峨眉山，也许他就会恍然大悟了。

珠峰和青藏高原光象还有一件新鲜事，就是由于空气稀薄，夜空中虽然繁星满天，数量比平原上要多得多，亮度也亮得多(《喜马拉雅天梯》电影中甚至可以看到在平地上只有天文望远镜中才能看到的宇宙星云)，但它们却一律不“眨眼”。这是因为，星光到达人眼之前要经过大气层，而大气层中各层不同密度气流的运动方向和速度都不同，使星光中途会不断发生折射弯曲，在地面上人眼中就是星光闪烁。但在珠峰或青藏高原上，由于一半或大部分大气质量已在脚下，头顶上大气十分稀薄，其路径上空气流动造成的密度变化已小到不再足以造成星光闪烁。实际上，我记得在五台山顶上(海拔 2896 米，大气层中的 29%最稠密大气已经在脚下)已经星光不“眨眼”。

最后来说说我在万米高空见到的最奇特、最美丽的大气光象。那是 1996 年 1 月下旬的一天，我开完会后从广州返回北京，记得飞机起飞时太阳刚刚落山，天空有不太厚的云。起飞后不久，西方天空的云开始出现类似虹一样的浅浅彩色分布，然后彩色云区随着飞机北去而逐渐向西方退缩，但彩带颜色逐渐变浓。到天色明显变暗时彩云区已近西方天边，压缩成一条不长不短的彩色光带。紧接着，当继续下降中的彩带，其彩色达到最鲜明、也是最窄时，便很快降落到地平线下(对机上人而言是左前方脚下)，附近天空一片漆黑。这种奇景我称之为“宇宙(高空)晚霞”。虽然整个过程不过十来分钟(此时飞机应还在广东境内，高度应在万米)，但过程是连续的、规则的和清晰的，因此应该是可以重复的，只要时间(太阳光角度)、云层条件及其变化(例如云中要有水滴，才能使阳光折射和反射出虹的光谱颜色)适当。愿您也能欣赏到这种高空大气光学美景。

地形制造的我国冬季气候世界奇迹

“高天滚滚寒流急”，冬季从北半球寒极西伯利亚频频南下的冷空气，使我国，以及朝鲜、蒙古、俄罗斯等东北亚邻国，成为世界同纬度上最为寒冷的地方。

可是，这种因地面辐射冷却形成的冷空气的厚度其实并不高，只是对流层内中低层的事。我曾研究过冬季我国冷空气降温强度最强的高度，大体华北在 1500 米左右，华南还不到 800 米。因此，凡较为高大的山脉，都能不同程度地阻滞它的南下，造成冬季气温的异常分布，甚至创造世界奇迹。

为了研究气温的地形影响，需要比较气温在不同地区相同海拔高度上的分布。因为，我国 2/3 以上面积是山区，而气温又是随海拔高度升高而降低的，因此不同海拔高度的气温彼此无法比较。我曾在论文中采取了统统把它们都订正到海平面上的办法。我国大部分地区冬季平均气温的垂直递减率是 0.45 ℃/100 米，我就把它作为订正用的垂直递减率。当然这样取法只是近似，但却足以显示出地形对我国冬季气温的主要影响。

按理说把气温统一订正到海平面上以后，1 月平均气温的分布图上，等温线应该平直且平行于纬圈。所以，凡是等温线出现弯曲、波浪甚至封闭曲线，便是地形影响的结果。

下面举出地形影响气温的三个典型例子。

准噶尔盆地冬季是个大冷湖

在 1 月平均海平面气温图上，准噶尔盆地是个大冷湖，可以画出好几根封闭等值线。这是因为整个盆地西北有缺口，南方有高峻的天山山脉，因而从西伯利亚南下的冷空气易进难出，灌成了一个大冷空气湖。最冷的空气密度最大，沉在最底层。因此整个盆地中凡低则冷、凡高则暖，形成了反常的气候逆温现象(冬季中整个季节都保持逆温)。例如天山北坡东经 88°附近，海拔 451 米的梧桐窝子 1 月平均气温 −20.1 ℃；海拔 654 米(原址)乌鲁木齐上升到了 −15.2 ℃；而海拔 2160 米的小渠子竟然高达 −10.6 ℃。即在 1710 米的高度内上升了 9.5 ℃。盆地内电子探空仪观测的自由大气气温垂直分布，同样也证实了这一点。在这个强大的逆温大冷湖里，甚至连白天的最高气温也向上递增！

有意思的是同纬度的我国东北地区，虽然冬季比准噶尔盆地还冷，是我国冬季低海拔地区中最为寒冷的地方，但是却没有这种现象。原因就是东北南部没有像天山那样东西走向的高大山脉能显著阻挡冷空气的南下，即灌成大冷空气湖的必要地形条件。

在世界上，既要北有强大的冷空气南下，又要南有高大山脉组成的大型盆地地形，在中纬度地区，实在找不出第二个。虽然北半球寒极西伯利亚腹地(南下的西伯利亚冷空气的形成源地)也有类似的气候逆温，而且强度和厚度超过准噶尔盆地，但却都是在高纬河谷地形中，在漫漫长夜中因辐射冷却静态形成，而非冷空气在南下过程中动态灌注形成的中低纬地区大冷湖。

四川盆地冬季是个大暖湖

很有趣，四川盆地冬季却是个大暖湖，而且恰恰也是在西伯利亚冷空气南下过程中形成的。原来，西伯利亚冷空气向南流动过程中会越流越薄，好像湿面团放久了会变扁一样，因此遇到四川盆地周围 1500～2000 米高的山脉，便常常难以逾越。因此四川盆地内 1 月平均气温要比同纬度东部地区高出 3～4 ℃之多。盆地中冬季霜雪少见，全年翠绿，农作物几乎全年生长，号称“天府之国”，在中国气候区划中属于中亚热带气候，而东部同纬度地区则为北亚热带气候，即相差一个等级。

因此，在冬季中常常发生这样的趣事：当东部地区强冷空气已把霜冻线南推到南海之滨的时候，四川盆地(或盆地南部)仍然是个孤立无霜区。这从盆地内泸州极端最低气温已达到－1.1 ℃，而 800 千米以南的广东沿海阳江和广西沿海北海反分别低至－1.4 ℃和－1.8 ℃也可得到证明。历史上唐代杨贵妃爱吃的荔枝，也来自四川盆地南部。因为当时正是中国气候变化中的暖期，盆地南部为南亚热带气候。因此苏轼《荔枝叹》诗中才有“永元（汉）荔枝来交州（两广），天宝（唐）岁贡取之涪（四川）”之句。

四川盆地孤立无霜区在世界上是唯一的。因为，我认为它至少需要同时满足以下三个条件才能存在：一是在东亚（有世界最强冷空气南下），二是在中低纬度（冷空气厚度已经变薄），三是有较高山脉封闭的大型盆地（屏障冷空气作用强）。世界上中低纬度地区哪能找到第二个呢？

我的关于“四川盆地孤立无霜区”的论文、专著发表之后，也引起了国外科学家的兴趣，例如日本地理学家新井正教授来华时，曾专门到中国气象局找我确认此事，并称之为世界奇迹。

川西南和云南是真正大温室

在 20 世纪 80—90 年代，我曾多次到昆明出差，晚上 7 点半照例看中央电视台《天气预报》。每当东部地区寒潮冷空气蜂拥南下，大风降温、千里飞雪的时候，昆明等云南大部分地区却常常仍是风光明媚、风和日丽，好像是在“世外桃源”的大温室里。

其实，川西南和云南还真是我国冬季中的最大温室。四川盆地暖湖和它相比，其温暖程度真是小巫见大巫。如果说四川盆地的 1 月平均气温比东部同纬度地区暖 3～4 ℃的话，那么大温室比同纬度的川黔地区要高出 8～10 ℃之多（均指海平面气温）！下面是两个实例。

广西桂林和云南昆明两地基本同纬度，两地 1 月实际平均气温也差不多，都接近 8 ℃。但是，昆明海拔 1891 米，比桂林高出 1669 米之多。第二，在这个大温室里，甚至千米以下的河谷里，都已经是热带气候，而同纬度东部地区，即使是海平面上，却还是亚热带气候！

形成大温室的原因，是因为它东侧的川西高原东坡和黔滇边界的乌蒙山等山脉都在 3000 米左右。从北方南下的西伯利亚冷空气经过长江后转向成为东北风，它爬上千余米的贵州高原后已成强弩之末，加上这里高空盛行从西南亚来的西风干暖气流，越高越强劲。因此，“天地合力”，经常把冷空气阻挡在东经103°～104°经线上，形成气象学上有名的“昆明准静止锋”（因位置近昆明而得名）。

试想，云南和川西南地区冬季中经常沐浴在西南亚来的温暖气流之中，自然山高而不冷；而锋东的川黔地区，由于长期浸泡在寒潮冷空气“海洋”之中，自然是难免霜雪之苦了。

基隆雨季为何独在冬季？

同样，山脉地形对降水分布也有重大影响。其中最重要的规律之一，就是迎风坡多雨、背风坡少雨。这是因为当气流被迫在迎风坡上抬升时，气温下降，气流中水汽不断凝结降雨的结果。而越山后的气流，由于水汽损耗巨大，因而背风坡上雨量便大大减少，以至少云多晴。

我国年降水量最大的纪录，正是发生在台湾东北部、中央山脉北端的东北坡上。冬季中，旅海登陆的潮湿东北季风，正是在海拔380米的火烧寮（北纬24°59′，东经121°45′）降下了6557.8毫米的年降水量（1909—1944年记录）！

有趣的是，地形不但可以制造年降水量冠军，而且还能制造我国唯一的雨季在冬而不在夏的独特雨季类型。例如火烧寮以北约11千米的基隆市，从11月到来年3月，月降水量都在300毫米左右，月平均雨日超过20天，因而素有“雨港”之称。到了夏季，台湾盛行西南季风，基隆因处于背风地形，降水量、雨日都只有冬季一半。但是位于基隆以西仅27千米的台北，因已位于中央山脉西侧，其雨旱季节类型便与基隆相反，成为雨季在夏，夏雨远多于冬雨的地方。

山脉使两侧雨季完全相反的情况，世界上季风区中还有其他地方（例如越南中部、日本本岛北部），但以基隆—台北为最典型。

山脉在湿润地区中制造的干旱河谷

山脉真“伟大”。迎风坡向在台湾制造了年降水量冠军、制造了雨季在冬的特殊雨季类型，却也在我国南方云南中部大约 27°纬度上制造了号称我国西南干旱中心的金沙江干旱河谷。尤其是在冬季，东部同纬度的贵州和长江中下游地区正是蒙蒙细雨季节，干湿对比最为鲜明。

金沙江河谷谷底年降水量可比西北真正的干旱地区。例如，奔子栏年降水量只有 286 毫米，奔子栏以北 70 千米的四川得荣县城年降水量 338 毫米。由于这里云雨极少，因而他们自称“太阳谷”。

1981 年 6 月初，我应邀参加中国科学院横断山区科考队，我们气候考察车从云南省迪庆藏族自治州首府中甸县城（海拔 3354 米）向西北直下金沙江河谷，到达谷底海拔 2025 米的奔子栏时，谷底山坡上扭黄茅、野香茅、衰草等旱生禾草一片枯黄。金沙江边风吹起了一条长长的沙堤，沙堤砾石附近稀稀拉拉生长的仙人掌叶片也薄如纸片。一派干旱景象。

金沙江干旱河谷的形成，我认为，主要是地形性焚风效应相叠加带来的结果。地形性焚风效应是指，爬坡气流在迎风坡上大量降雨，消耗大量水汽后，在背风坡下沉过程中因水汽不饱和而迅速增温；而迅速增温的结果又使气流变得更干。南北美洲西岸温带西风带纬度上就有一山之隔迎风西坡是森林而背风东坡是半干旱、干旱甚至沙漠景观的情况。何况我国云南西部三江并流区还有着三道山脉并列。

让我们随着越山气流，来具体证实一下。潮湿的印度洋西南季风在高黎贡山西侧缅甸密支那平原上留下了约 1600 毫米的年降水量。但当潮湿气流接着在我国境内高黎贡山迎风西坡上被迫抬升时，海拔约 3000 米的片马山口年降水量甚至高达 3200 毫米，森林十分潮湿茂密。而气流越过高黎贡山山脊下到怒江河谷中，谷底福贡（海拔 1560 米）年降水量便只有 1360 毫米。不过怒江河谷中都还是森林植被。气流再继续向东越过第二道山脉即怒山山脊之后，年降水量便开始显著减少。我们设点的澜沧江谷底日嘴村年降水量仅 455 毫米，但仍有少量树木。随着气流在云岭西坡上的第三次抬升，森林又茂盛起来。例如云岭山脉西坡上海拔 2304 米的兰坪和 2326 米的维西，年降水量就又有 1000 毫米左右。但越过云岭山脊第三次下沉到金沙江河谷时，东坡 3000 米以下就已经干燥得不能长森林了。我们考察组多次往返于金沙江河谷和云岭山脊之间，常常高山上下大雨而谷底下小雨甚至阴一阵就过去了；有时则山上下雨已久，而我们下到河谷，江边公路行道树下的土还没有全湿。

因此，从这气流横断面上，降水量和植被三起三落、如影随形的变化情况看，可以毫不怀疑地认为，金沙江干热河谷的形成，是地形减少雨量影响的多次叠加的结果。

四川盆地——不典型的海洋性气候

在气象学里，海洋性气候的特点是冬暖夏凉，而大陆性气候则冬冷夏热。

海洋性气候多出现在海上、海岛和沿海地区。海洋性气候形成的原因，主要是海水的热容量比陆地大，海温变化慢，因而海洋上夏季气温低于陆地，冬季则又高于陆地，冬夏温差（气温年较差）比大陆小。而且，通过大气环流还可把海洋性气候带进内陆。例如，西欧地区盛行的西风气流，把北大西洋上的海洋空气源源不断地吹上大陆，因而使西欧气候的海洋性很强，冬暖而夏凉。相反，缺乏海洋调节的欧亚内陆，就冬冷而夏热，气候的大陆性很强。

所以，在经典气象学里，过去一直用气温年较差（最热月平均气温与最冷月平均气温之差）通过简单订正（以使得不同纬度之间可以进行比较）后的大陆度，来表示气候的大陆性程度。国际气象界的焦金斯基大陆度公式，以大陆度50作为大陆性和海洋性气候的分界。越冬冷夏热，大陆度越高，大陆性气候就越强。四川盆地由于山脉阻挡冬季南下冷空气而冬暖（例如成都1月平均气温5.5 ℃，比盆地外同纬度的武汉高2.5 ℃），又因海拔稍高和夏雨而夏凉（例如成都7月平均气温25.6 ℃，比武汉低了3.2 ℃之多），因而盆地内大陆度小于50而成为海洋性气候（例如成都47.9），而盆地外因冬冷夏热、大陆度高于50而成为大陆性气候（例如武汉67.0）。

但是，我在研究中发现，这个适用于欧洲海洋性气候的公式用在季风气候的我国，从总体看是不合适的，甚至出现笑话。例如用该指标划出的我国北方海岛都是大陆性气候，而内陆的拉萨、昆明反而都是海洋性气候。

这是因为，我国季风气候显著，冬季风（西北气流）十分强劲，即使沿海岛屿冬季中也几乎不能受到海洋的温暖影响，从而拉大了气温年较差即大陆度。而西南地区大陆度低的原因，则主要是因山脉地形阻挡了冬季风，因而冬季气温较高，而夏季中则因海拔较高而夏凉，因而大大降低了气温年较差即大陆度的缘故。

焦金斯基大陆度公式把我国西南地区划为海洋性气候还有另一个笑话。由于西南地区城镇大都位于河谷盆地之中，这种地形下气温日较差（午后最高气温与清晨最低气温之差）特大。例如拉萨，年平均气温日较差高达 14.5 ℃，最大的 1 月甚至达到 17.0 ℃。可是，大家知道，号称"早穿皮袄午穿纱"、我国大陆度最高的新疆吐鲁番（干旱荒漠气候，大陆度 85.8），它的年平均气温日较差也只有 14.3 ℃，最大的 9 月也仅 16.5 ℃。说拉萨是海洋性气候，岂不是开玩笑？

因此，我在原来的指标，即气候大陆度（订正后的平均气温年较差）外，又加上了第二个指标"平均气温日较差"（即夜暖昼凉程度），共同来对我国重新进行大陆性和海洋性气候区划。即既要气温年较差大（"冬穿皮袄夏赤膊"），又要气温日较差大（"早穿皮袄午穿纱"），两者兼有才是典型的大陆性气候。反之，两者都小，即既冬暖夏凉又夜暖昼凉才是典型的海洋性气候。

这样划分出来的我国大陆性和海洋性气候区划就比较符合实际。东部只有北起嵊泗及以南的东南沿海地区才是典型的海洋性气候，而北方海岛虽气温日较差小但因大陆度高于 50 而成为海洋性过渡气候。

有趣的是，该区划把远离海洋的四川盆地也划成了典型的海洋性气候。原来，四川盆地除了主要因周围山脉阻挡北方冷空气而冬暖使大陆度低于 50 外，还因青藏高原等地形造成的西南低涡等原因而多云雾（四川盆地素有"蜀犬吠日"之称），大大减小了气温日较差，因而在我的区划中遂成了典型的海洋性气候。

所以，四川盆地虽深居内陆但确有比较典型的海洋性气候，只不过这种气候不是由于海水调节，而是由于多种地形、海拔高度等原因共同形成的罢了。

但是，有趣的事情还没有完，其实我国内陆最典型的海洋性气候不是在四川盆地之中，甚至也不在东南沿海岛屿，而是在内陆云南中南部海拔 1000～1500 米的山顶、山脊地形之上。这种地形上经常受同高度自由大气（而不是地面气流）的吹拂调节，因此这里气温日较差很小，年平均只比同纬度沿海岛屿大 2～3 ℃，但这里气温年较差（仅约 10 ℃）却比东部岛屿（20 ℃）要小 10 ℃之多。这里不仅四季如春，而且时时如春，海洋性甚至比东部小岛还要强得多。只是因为它们的面积很小，又零散不连续，在我的这个区划中它没能画出来。

2015年春，我对海洋性气候和大陆性气候区划又有了新的想法，即区划有两个指标还不够，还应有第三个指标，即气温的时间变化。起因是2015年春季我国大陆气温变化异常，逐日之间气温变化非常剧烈。例如2015年5月11—13日北京最高气温分别是18.7 ℃、27.7 ℃和32.2 ℃。48小时之内身体的感觉，仿佛从春季突变到了夏季，显然这是极端大陆性气候特征。因为记得50年前，即1965年5月，我正在辽宁丹东大鹿岛海洋水文气象站参加“四清”运动，那里春季多吹微微南风，常常48小时内气温变化甚至达不到2 ℃！而气温时间变化的分析有两个方向：一个是气温的年变化和日变化，属于纵向，即时间的前后方向；另一个是横向，就是气温的年际变化和日际变化。例如去年和今年的5月11—13日气温有什么区别，我们实际上感觉不到；而对气温的日际变化，例如5月13日的最高气温比5月11日高了约14 ℃，却极敏感。即，因此我产生了用最高气温日际变化作为我国大陆性和海洋性气候区别第三个指标的想法。

但虽然有了这个想法，具体实现还很困难。我试统计了30°N上浙江嵊泗岛（代表海洋）和武汉、成都（代表内陆）手头有的6年的最高气温资料，发现两地月平均的最高气温日际变化（最高气温逐日间差值的月平均值）虽也有海洋小于大陆的现象，但差异不是很大，只有1～2 ℃。这主要是因为冷暖气流和晴阴变化不是严格以24小时为周期的。因此我采取了不用“日际”，而用扩大到“月内”变化的办法，进行新的统计。仍以5月为例，取5月份31天里日最高气温的最高值与最低值之差（最高气温差），以及月内最高的日最高气温与最低的日最低气温之差（最高最低气温差）两个指标分析，结果反而很好：嵊泗的最高气温差和最高最低气温差的6年平均值仅分别为8.9 ℃和12.9 ℃左右；而武汉、成都的最高气温差和最高最低气温差的6年平均值则分别高达12.9 ℃和18.4 ℃左右，即差别是明显的，分别高达3.5 ℃和5.5 ℃之多。

所以，如果用这三个指标去衡量四川盆地的话，那么四川盆地便不是完全合格的海洋性气候了（第三个指标不合格）。其实，这也是个大实话，因为四川盆地本来就不在海洋之中，就应该是不完全的海洋性气候。

当然，本文第三个指标的具体形式未必最佳，尚需进一步研究确定，6年的资料长度也还太短，但是远离海洋的四川盆地不是典型的海洋性气候，这应该是没有问题的。

避暑气象学

2008年5月，我接受了《中国国家地理》杂志编辑部5人的专访，主题就是我国的避暑问题。因为现在我们大家都富裕起来了，避暑旅游的事也提到日程上来了。

那么我们可以到哪儿去避暑呢？

我说避暑有四向：向海滨，向高山（高原），向北方，向地下。

为什么避暑有四向

我们先说海滨为什么宜避暑。

在本书《四川盆地——不典型的海洋性气候》一文中说过，海水热容量大，在得到同样太阳热量的情况下，海水升温比陆地慢，加上海水蒸发耗热多，又能上下左右四周流动不息，因此海洋春、夏季升温的速度就比陆地慢多了。这样海洋不就比内陆凉了吗？

那么，夏季里凉爽的海洋又是怎样使滨海地区也凉爽起来的呢？

原来，在滨海地区和海洋之间有地方性的海陆风调节。白天里，海上因为温度低、空气密度大，气压就高；而陆地上因为温度高、空气密度小，气压就低。大家知道，空气是从气压高的地方流向气压低的地方的。因此，白天滨海地区吹的是从海上来的风（称为海风），自然就凉快了。相反，夜间陆地因比热小，温度降得比海洋快，因此气压就比海洋高，滨海地区刮的是从内陆吹向海洋的陆风。此时滨海地区虽然没有受到海风调节，但此时陆风的温度一般比海洋还略低。这就是滨海地区夏季能避暑的主要原因所在。

海滨避暑的人挤爆海滩

高山(高原)上能避暑，主要是因为海拔越高，头顶上的大气“被子”越薄，大气保暖功能越弱。夏季中每上升100米，气温平均降低约0.6℃。也就是说，现今世界上500米的高楼顶上，夏季就比地面上凉约3℃。

北方能避暑的原因是大家都知道的。北方的太阳高度相对南方低，得到的太阳热量相对少。尽管北方夏天日照时间比南方长，但增加的热量还是顶不上因太阳高度降低造成的热量减少。以7月平均气温来说，海滨的大连和高高的庐山上，气温和北方的哈尔滨是差不多的，22℃多一点。都有大体相同的避暑效果。

向地下也能避暑?

是的。我们炎炎夏日中从井里打上来的井水不是觉得挺凉的吗?同样，夏日的山洞(例如桂林的七星岩和芦笛岩)、城市地下的人防地道，都是十分阴凉的去处。2007年夏杭州大热，市政府还开放人防地道供市民避暑。

不过，山洞、地道终究不是长久避暑的地方，只能避一阵子。但是黄土高原上的窑洞，那可是当地大约5000万人民世世代代居住的地方。

地下能避暑的原因，是因为土壤是热的不良导体。如果我们把大地的温度变化画成曲线，那么，白天和黑夜，夏天和冬天，地面的温度变化曲线就像大波大浪；而二三米深处，就已经是“微波荡漾”；5米左右便“波平如镜”了。地下近乎恒定的温度大体等于地面上的年平均气温。例如延安地面上的年平均气温大约是10℃，那么地下

5 米深处的温度也应该在 10 ℃左右。

黄土高原上的窑洞有两种。除了从水平向山腹挖的水平窑洞以外，还有一种是先垂直向下挖 10 米左右深的方形地坑，再向四壁开挖的下沉式窑洞院落，也称地窨院。乍到这样的村落，常令人惊讶，真是“进村不见村，树冠露三分(地坑天井中也常种树)”“平地起炊烟，忽闻鸡犬声”，原来是“院落地下藏，窑洞土中生”。

水平窑洞因一般进深不大，加上因通风采光需要门窗开得较大，因此窑洞内气温受外界大气影响大一些。而下沉式窑洞因为一般深挖 10～11 米，因此冬暖夏凉的效果就比较明显。例如山西省平陆县侯王村的一位下沉式窑洞主人说，室内气温一年四季都在 10～20 ℃。盛夏三伏在窑洞内睡觉要盖棉被，数九隆冬仍然暖气融融。因此即使现在许多人富了，在地面上盖了砖瓦房，但老人们仍然不愿意搬到地面住，说特别是夏天热得睡不着觉。

避暑的效益(数量)问题

避暑纳凉有个效益(数量)问题，也就是说你能够享受到多大清凉，比出发地降低多少温度。

我们首先从海滨说起。

要知道，并非我国所有海滨都适宜避暑，例如华南沿海就不宜。因为那里最热 7 月平均气温都在 28 ℃以上，而且夜间气温甚至比内陆还略高。以厦门为例，厦门 7 月午后最高气温平均 32.4 ℃，固然比同纬度内陆漳州(33.5 ℃)低一些，但厦门夜间最低气温平均 25.6 ℃，甚至比漳州 25.3 ℃还高。

实际上，我国沿海大体要北上到山东境内，最热月平均气温才能降到 25 ℃左右，才是避暑胜地。例如青岛，最热月平均气温 25.1 ℃。

在我国滨海气象台站中，夏季最凉快的著名地方有两个，都在深入海洋的半岛尖上。第一个是位于山东半岛极尖的成山头气象站，最热月平均气温 23.5 ℃，比同纬度内陆山东德州(26.9 ℃)低 3.4 ℃；第二个是辽东半岛尖上的大连，最热月平均气温 23.9 ℃，比同纬度内陆河北保定(26.6 ℃)低 2.7 ℃。也就是说，我国海滨避暑的纳凉效益，以最热月份平均气温而言，最多也就是 3 ℃左右。避暑纳凉效益主要决定于周围陆地对它的影响程度。

当然，一日之中以下午二三时最热，因此如果比较午后最高气温，那滨海地区避暑效益则显得更大些。例如大连午后最高气温比保定低 4.9 ℃，成山头比德州低 6.2 ℃。如果再比较海陆历史上出现过的极端最高气温，那么上述两地滨海地区比内陆约偏低 8 ℃之多。

最后，要说的是，由于凉爽海风进入高温陆地后会不断升温，因此海洋凉爽效益是随深入陆地而迅速减小的。以北戴河为例，北戴河最热月午后平均最高气温是 28.0 ℃，比同纬度内陆北京低 3 ℃之多，但是距海仅 15 千米的县城昌黎最高气温已升到 29.7 ℃，与北京也只差 1.3 ℃了。因此夏季海洋的避暑价值，进入陆地 20～30 千米后便基本消失了。

如果说海滨避暑的纳凉效益就这么多的话，那么到高山（高原）上去避暑的纳凉效益就是"无极限"了。也就是说，如果海滨避暑不过瘾，可以到高山上去！

因为高山避暑的纳凉效益是随着登山高度的上升而增加的。例如前面我们提到的江西庐山（海拔 1165 米），最热 7 月平均气温 22.5 ℃，比山麓海拔 32 米的九江市（29.4 ℃）低了 6.9 ℃之多。庐山 7 月午后平均最高气温 25.9 ℃，比山麓九江低了 7.6 ℃。山顶山麓极端最高气温差异更大：庐山 32.0 ℃，而九江高达 40.2 ℃！

2009 年 7 月，作者在新疆达坂城接受北京电视台记者采访，达坂城海拔 1000 米，天气凉爽

我们再看另一个著名避暑胜地黄山（海拔 1840 米），它比山麓屯溪（今为黄山市，海拔 145 米）海拔高出 1695 米，山上山下的温差就更大了：7 月平均气温相差 10.4 ℃（黄山 17.7 ℃，屯溪 28.1 ℃）；7 月午后平均最高气温相差 13.3 ℃（黄山 20.5 ℃，屯溪 33.8 ℃）；当地历史上出现过的极端最高气温相差 13.9 ℃（黄山 27.1 ℃，屯溪 41.0 ℃）。

最后让我们看看海拔 3047 米的四川峨眉山和山麓海拔 424 米的乐山市对比。乐山 7 月平均气温 26.0 ℃，而峨眉山顶只有 11.8 ℃，相差 14.2 ℃；乐山 7 月午后平均最高气温和极端最高气温，与峨眉山顶的差值更分别达到 15.2 ℃和 14.7 ℃。可见，如果我们夏季到峨眉山顶去，那就不是去避暑而是去受寒了，因为那里盛夏季节也几乎是冬季的温度。不过不要紧，当地旅游部门有棉大衣专门租给旅游者御寒！

下面该说北方了。向北的避暑效益也是有限的，因为我国最北的“北极村”漠河，纬度也只有 53°28′。它 7 月平均气温 18.4 ℃，7 月午后平均最高气温 25.9 ℃。为了给大家一个漠河夏凉程度的大致概念，我们把它和哈尔滨比一下：哈尔滨比它偏南近 8 个纬度，约 900 千米，7 月平均气温和平均最高气温分别比漠河高出 4.4 ℃和 2.1 ℃。所以，如果说哈尔滨还有一个十分清凉的夏天的话，那么漠河的盛夏季节也只是暖春的温度，那里晚上睡觉是要关窗户盖被子的。

地下避暑的纳凉效益又是另一种情况：既效益巨大，又恒定不变，即挖得再深也不增加凉爽程度。在地面 4～5 米以下，人类活动一般所及的范围内，地温基本是恒温，大体等于地面上的年平均气温。例如在延安或太原等黄土高原上挖下沉式窑洞，窑洞内温度略低于 10 ℃，这样 7 月平均气温的避暑纳凉效益则高达约 13 ℃之多。不过，窑洞因有门窗通风进热，再加上人体及做饭、点灯等活动产热，室内温度会升高些，但一般也不会超过 20～25 ℃，所以久居窑洞中的老人才不愿意搬上地面来住。

河南黄土窑洞地窨院

当然，黄土高原窑洞适于居住并不仅仅是因为气温条件，与洞内干燥而不潮湿（黄土高原上年降水量少）也有很大关系。因为从温度来说，我国南方广大地区地下虽也适于避暑，但因年降水量多，土壤过于潮湿而不适于居住。东北、西北地区，则因冬季严寒而漫长，年平均气温也就是地下温度过低，例如东北北部几乎低到 0 ℃，当冰箱用效果很好,但避暑显然就太冷了。因此我国除了黄土高原以外的其他地方是很少有窑洞的。

当然,气候也不是恒定不变的。例如,2016年初我曾见到一篇报道,在北方的南缘,即陕西渭北和关中平原地区,“由于近年来雨水天气越来越多,使得这里的地窑因潮湿不再适合居住。随着政府的动员,人们慢慢地从地下四合院,搬进了地上楼房里。这里的地窑就慢慢地被废弃了……”

其实,夏季里树林也是一个避暑地方(只是避暑效益较小)。炎炎夏日里即使一棵大树,树下也荫凉可人。因为树冠会反射掉大量阳光热量,其余的阳光热量又因树叶水分蒸发而大量消耗。我国北方城市的行道树采用冬季落叶的夏绿树,就是发挥它的夏季避暑功能。到了冬季树木落叶,它又会让阳光热量洒满行人道上。

避暑的“经济”问题

避暑纳凉不仅有纳凉效益的数量问题,有些避暑方式还有个避暑“经济”问题。也就是什么时候去避暑可以达到最大的纳凉效果。

让我们从高山纳凉方式说起。高山避暑不存在这种“经济”问题,即山顶和山麓之间的温差在夏季几个月里基本上是恒定的。

向北避暑方式就开始有“经济”问题。以从北京去哈尔滨避暑为例,北京和哈尔滨夏季各月平均气温的温差是:5月5.5℃,6月4.0℃,7月3.0℃,8月3.3℃,9月5.0℃。可见最需要避暑的7月竟是避暑效果最差的一个月。这是因为盛夏季节北方南下的冷空气最弱,所以南北方温差在盛夏最小。

向地下避暑途径的“经济”效益,是和向北避暑正好相反的。因为如果窑洞足够深,地温比较恒定的话,那么最热7月既是最需要避暑的月份,也是避暑效果最佳的月份。以延安为例,这里地下5米深处温度大体是10℃,那么夏季各月的避暑效益分别是,5月6.9℃,6月11.1℃,7月12.9℃,8月11.5℃,9月5.7℃。即避暑效益决定于地面上各月平均气温的变化。

但是海滨避暑“经济”效益和以上三种又都不同,这主要是因为陆地最热在7月而海滨最热却在8月。以大连和保定对比为例,从6月下旬到8月下旬,海陆间旬平均温差分别是 5.8 ℃、4.7 ℃、3.8 ℃、2.7 ℃、1.8 ℃、0.9 ℃和 0.5 ℃。可见海滨避暑最佳时间是在 6 月下旬到 7 月中旬。7 月下旬和 8 月上旬虽仍需避暑（因陆地上平均气温仍在 26 ℃以上），但避暑纳凉效益已显著降低。到了 8 月中下旬，大陆开始迅速降温无须避暑，而此时海滨避暑实际上也已经没有价值了。

但是，气温除了季节变化以外，还有昼夜变化，因此避暑价值也有不同。我们还是用以上四个对比来进行分析，不过只分析最热的 7 月份，否则就太烦琐了。

海滨避暑效益白天远高于夜间。例如，由于受海洋调节，大连白天最高气温要比内陆保定低 5.8 ℃之多，而夜间由于内陆降温快，最低气温大连只比保定低 1.4 ℃！

高山情况和海滨有所不同。即白天和夜间的效果都很显著，例如庐山白天最高气温比九江低 7.8 ℃，而夜间最低气温也比九江低 5.8 ℃。这是因为庐山高空自由大气气流本身的昼夜温度变化就很小。

北方避暑纳凉效益的昼夜变化情况和高山是相反的，虽然相差的数值比较小。例如我们从北京出发到哈尔滨避暑，白天最高气温只降 2.4 ℃，而夜间最低气温则降了 3.8 ℃。如果我们从武汉出发到哈尔滨避暑，那么白天最高气温降 5.3 ℃，而夜间最低气温要降 7.3 ℃之多。主要原因也是北方大气中能保暖的水汽和云比南方少，所以夜间气温降得比南方多。

最后，地下避暑纳凉效益的昼夜变化，自然是白天大大强于夜间了。因为地下基本恒温而地面上却昼热夜凉大幅度变化。例如盛夏 7 月，延安较深窑洞中白天大约比地面凉 19 ℃，而夜间只凉 7 ℃。不过延安窑洞中任何时候的温度都已经足够凉快了。

避暑的舒适性（质量）问题

前面说过，海滨的大连、江西的庐山和北方的哈尔滨，虽说 7 月平均气温都是 22 ℃多一点，对我国南方来说都是避暑佳地，但是它们对避暑人们的感觉和舒适程度却有着相当大的不同。

这是因为 22 ℃是昼夜的平均温度。在平均温度相同的情况下，气温的昼夜变化情况可以大不相同。例如辽东半岛上的大连，白天平均最高气温 26.0 ℃，夜间平均最低气温 20.7 ℃，因此气温昼夜变化（气象学里称为气温日较差）只有 5.3 ℃；有自由大气气流调节的庐山，7 月平均最高气温和平均最低气温分别为 25.9 ℃和 20.2 ℃，气温日较差也只有 5.7 ℃；黄土高原上的窑洞里，因为有四周厚厚黄土的调节，气温日较差就更小了。

可是北方大陆的情况就不同了。因为它既没有海洋，没有自由大气，也没有深厚黄土层的调节。以哈尔滨为例，白天最高气温平均猛升到 28.0 ℃，而夜间最低气温剧降到 18.1 ℃，因此气温日较差高达 9.9 ℃。我国“北极村”漠河，气温日较差更高达 14.3 ℃(最高气温 25.9 ℃，最低气温 11.6 ℃)，即午后虽很凉快，但早晨甚至感到寒冷！

这里我们应该再补充说说高原避暑质量问题。因为它虽和高山一样是避暑效益很高的地方，但是高原基本是抬升的平原，它也没有海洋、自由大气和黄土的调节，因此气温日较差也相当大。在狭窄的河谷盆地中，白天阳光热量不易散发，夜间还有从高坡下来的更冷气流降温，气温日较差更大，特别是干旱地区。我们以甘肃兰州(黄河河谷)和泰山(山顶)对比为例。它们海拔高度几乎相同，都是 1500 米多一点。但是泰山 7 月气温日较差只有 5.4 ℃(最高 20.6 ℃，最低 15.2 ℃)，而兰州却高达 12.9 ℃(最高 29.2 ℃，最低 16.3 ℃)，即比泰山大出一倍多！大家都明白，气温昼夜变化过大，对人而言总是不大舒服的。

所以，如果从疗养和养生角度看，自然是海滨、高山避暑比较舒服，因为日夜温差小。但是高原和北方也有优越的地方。例如，1967 年夏天我就是在哈尔滨过的，那里夏天一般需要盖点薄被甚至关窗睡觉，但那也没什么不舒服，可是午热却可以使哈尔滨市举行群众性的横渡松花江活动。冬天可以滑冰滑雪，夏天可以游泳，这不正是体育爱好者的天堂吗？

不过，北方避暑(不论平原或高原)还有另外一个不利条件，那就是由于北方冷空气较频影响，气温的日际间变化要大些，这可能是比昼热夜凉还更不舒服的。这可以用历史上七八月份曾出现过的极端最低气温比较为例来说明。例如江南武汉(纬度 30°)，历史上曾出现过极端最低气温 17 ℃；而北京(纬度 40°)则曾低到 11～15 ℃；哈尔滨(纬度 46°)低到 6～10 ℃；漠河(纬度 53°)甚至低到 0 ℃。因此避暑一旦遇到如此几十年一遇的低温，岂非大煞风景。

所以，我们盛夏一般都愿意去北方的海滨和南方中低山区(海拔 1000～1500 米)的山顶、山脊避暑，就是这个道理。

中国霜事

1953 年 4 月 11—13 日，北方冬小麦刚刚拔节(不耐 0 ℃低温)，但遇强冷空气南下，华北大部分地区最低气温降到−3～−1 ℃，局部−5～−3 ℃，出现大范围严重霜冻，仅冬小麦一种作物就减产 50 亿斤①，严重干扰了当时全国粮食供应计划。1953 年 8 月 1 日，毛主席和周总理签署命令，把原隶属于总参谋部的军委气象局转为国务院建制，成立中央气象局(今中国气象局)。转建命令中指出，在国家开始实行大规模经济建设计划时期，气象工作既要为国防建设服务，同时又要为经济建设服务。

这次霜冻的农业损失之重，影响之大，可能要算我国第一大霜事了。

我国重要霜事之二：我国霜冻区南缘是世界霜冻区纬度最低的地方。这是因为霜冻发生在冬季，而冬季由于北半球寒极西伯利亚的冷空气频频南下，使我国成为世界同纬度上最为寒冷的国家。我们可以以我国历史上出现过的最低气温为 0 ℃的地方作为指标，与同纬度地区进行比较得以证明。因为极端最低气温高于 0 ℃的地方，基本上不会出现霜冻。

我国大陆上闽南、两广的滨海地区和云南最南部河谷地区，即大约北纬 23°以南，才不会出现极端最低气温低于 0 ℃的情况。但南亚印度、巴基斯坦此界已北移到北纬 27°～28°；中东地区更是北移到了北纬 30°(例如北纬 29°21′的科威特极端最低气温为 0.5 ℃)，再向西到地中海和北非地区则甚至北移到了北纬 35°～36°，例如拉巴特(34°03′)、阿尔及尔(36°46′)、直布罗陀海峡的直布罗陀(36°06′)，以及马耳他

---

① 1 斤=500 克，下同。

(35°54′)等，历史上极端最低气温都在 0 ℃以上，这些地方比我国要偏北近 1500 千米！从我国大陆向东，琉球群岛 0 ℃线大约在北纬 30°，因为名濑(北纬 28°23′)的极端最低气温还高至 3.1 ℃。而在西半球美国，极端最低气温 0 ℃线约偏北我国 4～7 个纬度。

重大霜事之三：我国霜区地理分布中有件世界仅有的奇事，就是当西伯利亚冷空气汹涌南下，把霜冻区南界向南推进到甚至南海之滨的时候，大陆上的四川盆地(有时盆地南部)却仍然保持无霜。我称之为“四川盆地孤立无霜区”。这是因为四川盆地周围的山脉阻挡(有时是阻滞)了南下的冷空气，所以盆地中冬季要比同纬度长江流域温暖得多，霜雪也少得多。这就是我国历史上暖期中唐代杨贵妃所吃荔枝(南亚热带水果)能取自四川盆地的原因(冷期中的汉代就只能远取自岭南)。日本地理学家新井正教授看到我的文章后，乘来华之便专门来我局确认，并称之为世界奇迹。

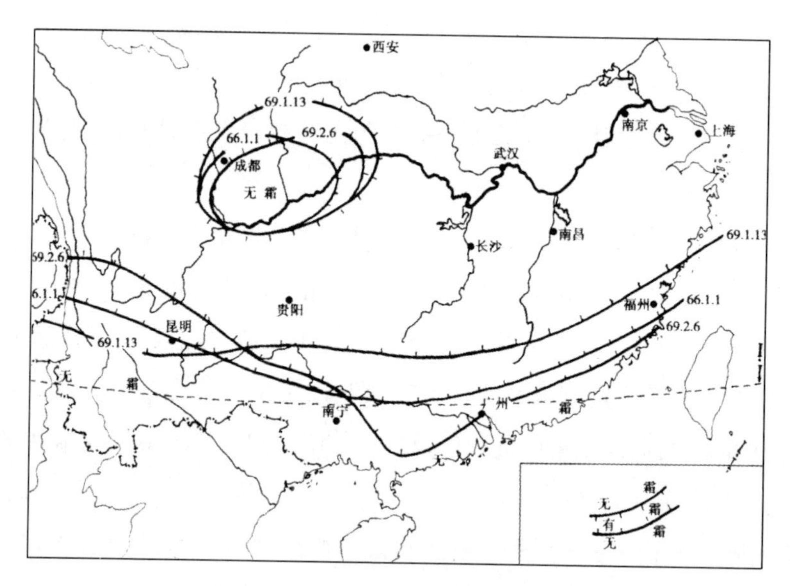

四川盆地孤立无霜区示意图

我国第四件霜事，来说说我国极端最低气温在 0 ℃以下却无霜的地区。

第一个是西北干旱地区。可以青海格尔木(海拔 2800 米)与东部河南安阳相比为例。格尔木虽然因海拔高，比安阳冷了许多，但白霜日数却只有 13.7 天，反比安阳 92.4 天少了许多。这是由于格尔木大气过于干燥。因为根据我的研究，凡早上 7 时空气相对湿度低于40%(或月平均相对湿度为25%～30%)的地区，气温再低，一般也是不会出现白霜的，因为“巧妇难为无米之炊”。再以1953年4月13日北方这场霜冻为例。北京4月13日最低气温虽还在0.4℃，但地面上已出现了白霜；而西侧不远的张家口，虽然因海拔高(724米)而最低气温低至－7.5℃，但因7时相对湿度低至38%，即因水汽过少，反而没有生成白霜。

第二个是多大风的地区。可以海拔2670米的长白山天池及其山麓的长白(海拔711米)相比为例。长白年平均有霜174.1天，天池只有7.9天，但两地冬季平均相对湿度基本相同。山顶气温低但霜日少的原因主要是长白山顶风极大，年平均大风日数178.0天，而山麓则很少(34.8天)。大风情况下白霜难结，就是结了也很易因风吹消失。

第三个是冬季多雨的西南地区，即使气温已低于0℃，也常常不出现霜。例如贵州毕节年平均白霜17.8天，但因为降水而“气温零下却无霜”的日子倒有19.3天。因为叶面有水的情况下，白霜是易溶掉而不易结上的。

第五件霜事，是霜的“千秋功罪”问题。

大家知道，霜冻是我国大范围主要气象灾害之一，可是，古人多不知，这种霜冻灾害的发生并非是由水汽凝结成的白色晶体——白霜本身所造成的，因而使白霜蒙受了千古奇冤。这种气温虽降到零下，但因空气低湿等原因而并未出现白霜，可作物却同样受到冻害的情况，农民形象地称之为“黑霜”。

原来，造成霜冻灾害的罪魁祸首乃是与白霜同时存在的、最终使农作物细胞结冰死亡的零下低温。而且，实际上，当大气中水汽凝华成霜时，不仅不会吸收热量降低气温，反而会因释放出大量的凝结潜热(1克水汽凝华为霜时放出的凝结潜热为2794焦耳)而减缓气温下降。据实验，覆霜的叶子其耐一定零下低温的能力，反而比不戴霜的叶子强。瞧，贡献反成罪状，岂非“冤上加冤”？

当然，在我国几千年的历史上，白霜也不是净背黑锅，而是也有因这类张冠李戴而冒受“荣誉”的情况。最典型的是秋天的美景——红叶的出现。

古人们认为秋天的红叶是由于“霜打”而形成的。例如，明代戴缙的“黄芦千里月，红叶万山霜”；清代颜光敏的“秋色何时来，万里霜林丹”；元代许有壬的“清霜醉枫叶”；陈毅的“西山红叶好，霜重色愈浓”等。当然其中最著名的可能还要算杜牧的“霜叶红于二月花”。

实际上，树叶的变红也与白霜本身无关，而是低温使根部吸水能力减弱，导致进入叶片的水分减少，叶绿素生成少而被破坏多，使花青素（主要是红色）显现的结果。而且，叶子变红常常在气温降到 0 ℃以前就出现了。2015 年即如此，海拔 489 米的延庆气温尚未低于 0 ℃，据报道，海拔低于延庆的香山，2 万株黄栌 40％的叶子已经红了。

总之，霜因作物冻害而蒙受“千古奇冤”，又因红叶等佳景而坐享“百世流芳”。在气象学中的其他气象要素和天气现象，大概再没有像它那样兼有如此大“功”、大“罪”于一身的戏剧故事了。

北京治霾的“天”“地”“人”[1]

社会经济的高速发展，北京和附近地区霾渐趋严重。“雾霾”一词2012年和2013年两度成为年度十大热词之首。2015年初国务院网站公布，2014年国家十大政策中，网民最关心的是“深化医改”和“雾霾治理”。北京霾之重，使外企和跨国公司不得不给员工加发额外补贴，以及各种其他补助和设备（如面罩）。我国政府已将霾治理列为环境治理重点，国务院于2013年9月公布了《大气污染防治行动计划》（《国十条》）。北京市宣布愿意牺牲GDP（国内生产总值）一个百分点的增速来防治大气污染；北京市长曾向国务院立下军令状，完不成减霾指标“提头来见”……因此，媒体上治霾议论很是热烈。不过，从气象学角度，我觉得其中不少议论是误区，至少不全面。

“天”：从长期看，风对治霾是在“帮倒忙”

2014年11月，由于政府采取强力人为措施（北京及周围6省市企业、工地限、停产3万余家，城市车辆单双号限行等），加上几场北风及时驱散霾，北京一改往日灰头土脸的“霾态”（辽宁人称脏为“埋汰”），蓝天如洗。媒体总结成功的原因是“人努力，天帮忙”。因为这段时期一结束，霾又卷土重来。

---

① 此篇文章发表于2016年初，仅代表作者当时的观点。

但是，从长期来说，风对治霾作用实际是在“帮倒忙”。因为我国30多年来，北方平均风速和大风日数都是在减小的。据统计，我国北方，近50年来年平均风速平均每10年下降0.15米/秒；最近10年，北京年平均风速从2.5米/秒降到了2.3米/秒，冬季降得更多。

其实北京风速减小，在我们日常生活中感觉更为明显。记得20世纪80年代以前，北京冬季大风是令人们头痛的灾害性天气。因为大风一起，不仅天气严寒，而且沙尘满天，天色变成黄色甚至红色。妇女上街头上都要包半透明的大纱巾，男人即使戴帽，回家仍要洗脸、洗头，甚至刷牙；即使关了窗，窗台上仍有一层黄沙。20世纪60年代我们中央气象研究所有个外号叫“兰克思”的人，告诫一个外号叫“王瘦子”的人，上街时棉大衣俩兜里要装两个哑铃，以防被大风吹走。现在这种笑话早成历史。

我国北方冬季风速减小开始于20世纪80年代后期，正是暖冬期开始。因为暖冬意味着北方南下冷空气减少、减弱，而冷空气大风正是沙尘起飞的动力，所以那时沙尘天气也开始明显减少。

过去我们讨厌北风带来的沙尘天气，但现在变成需要靠北风来吹散霾；而且又因为现在北风也不太大，风沙也不严重，于是我们就从讨厌北风变成爱北风、盼北风了。这“一恨一爱”之间，对治霾来说，实际上正是证明了风“帮倒忙”的事实。

既然北京多霾有风速减小的重要原因，人们不禁会问：“谁偷走了北京的风？”

有人怀疑是“三北”防护林的阻挡，其实不是。树木只是在近距离内降低了贴地面的风速，由于高空风的动量下传，二十几倍林高距离后风速会完全恢复。有人怀疑是内蒙古打造“风电三峡”（现在风电装机容量1900万千瓦，已接近三峡水电站）的缘故，但也不是。道理是一样的。因为那里距北京有400千米之遥。

所以，20世纪80年代后期我国暖冬的突然出现，以及北方风速和沙尘暴的突然减小，并非因人，而主要是因为大气环流自身的节律性变化。有人认为我国暖冬出现与全球变暖有关，但实际上大气温室效应造成的全球变暖是缓慢的、逐渐的、背景性的，不是突变的，突变的只能是大气环流。且这种突然的大气环流变化不是一年两年能变回来的，动辄几十年！

“地”：簸箕地形对治霾不见得都是帮倒忙

说到北京的霾因，许多（包括气象）专家说北京簸箕地形（北有燕山，西有太行山，西北高东南低）不利气流畅行，是霾重的重要甚至主要原因。

其实，这种观点也只是说到了问题的一个方面，即阻碍气流运行方面。没有说到这种地形（类似宽口山谷地形）也能自己制造风，多少也能起到自净作用的一面。

在山谷中，由于坡上和谷中同一高度的大气之间的温差，造成气压差，形成山谷风：白天气流进谷，称谷风（北京为偏南风），夜间气流出谷，称山风（北京为偏北风）。晴天山谷风最明显，阴雨天则消失。所以过去北京市晴到少云日子的天气预报常常说“白天北转南风，风力二三级；夜间南转北风，风力一二级”（一、二、三级风的中点风速分别为 0.9 米/秒、2.0 米/秒和 4.4 米/秒左右）。因为温差白天比夜间大，所以谷风比山风大。这种山谷风在平原上无风时照样存在于山谷中，可以帮助输送污染大气。例如我们 20 世纪 70 年代在湖南临湘山区，为临湘石油化工厂前期环境评估进行山谷风观测，亲眼见到晴夜中山风气流把施放的满谷白烟，像河水一样，静静地输向下游，但此时山梁上测点可以是基本无风的。

当然，山谷风也会有帮倒忙的时候，那是当大气中白天刮小北风，夜间刮小南风，即山谷风方向与大气气流方向相反时。但前者问题不大。因为白天刮小北风时天气一般较好，且白天污染物还可以通过热对流向高空扩散。而当夜间刮小南风时，往往也正是大气污染最严重的时候，此时北京处在冷空气前的暖区之中，天气一般不晴朗，空中水汽也多，因此山风几乎为零。严重污染主要是偏南风输送太行山前污染带中的污染物和本地污染物叠加的结果。实际上，在这种极小风速下，地形对气流运行（输送霾）的阻碍作用相对也越小。

但是，也要实事求是地说，地形对北京的霾还是有重要的“帮凶”作用的。但主要并不是北京簸箕地形本身，而是北京—保定—石家庄一线位于太行山脉之前，半个狭管地形的强迫作用，使冷空气前的偏南风，强劲地把石家庄—保定一线产生的大量污染气体源源不断地输送到了北京的结果。这也就是北京治霾不能独善其身，而需要京津冀联合治理的原因所在。

“人”:治霾关键在人,但“城市风道”不是正道

其实,要治霾,“天”和“地”都只是次要矛盾,“人”才是主要矛盾,因为从“风停即霾”,驱霾全靠“等风来”,环保部门“靠天吃饭”等现象看,只有靠制造霾的“人”才能治霾。

但显然,靠关停、限产等“休克式治霾”是不能持久的。别的不说,经济损失就太大。所以,几年前就有人想出了建造“城市风道”的办法,把污染物快速从城市水平输送出去。例如,杭州、上海、南京、武汉等进行了规划。2014 年 11 月,北京市规划委员会(以下简称“北京市规委”)公布了 6 条城市风道的初步设想,征求意见。

其实,我认为这办法并不靠谱。第一,风道的作用仅发生在贯通城市的风道之中;第二,城市中只有与风向一致的风道才能起到风道的作用,即城市风道的作用是局部性的;第三,城市中霾最严重的时候恰恰是小风、无风时!实际上现在有的城市中局部城市风道也是有的。所以城市风道顶多只能“锦上添花”,而不能“雪中送炭”!

于是,人们的目光转向了气象局,因为气象局也是“管”霾的。可是,这恰恰是气象部门的短板,“有力使不上”。因为气象治霾的办法一般只有两个,即人工降水(雨或雪)和人工消雾。人工降水需要能作业的云层,而这个条件是很苛刻的,重污染天气一般恰恰不具备人工降水条件。即使有能作业的云层,效果也不一定都乐观。所以世界上也没有听说哪个国家用人工降水业务来消霾的。人工消雾比人工降水容易点,但消得了雾,却消不了霾。因为雾滴消失了,霾颗粒还在。而且,归根结底,人工降水和人工消雾都是局地性的,不可能消除我国大范围的霾。

所以,从以上分析可知,北京霾天气的成因“不怨天,不怨地,只怨人”;北京治霾也是“不靠天,不靠地,只靠人”,解铃还需系铃“人”。靠人有效控制和减少污染的排放,以及经济转型。有专家举出例子,伦敦市(1954 年冬大气污染事件曾死亡 4000 多人)治霾,最终主要还是靠转移出污染企业的办法。据 2015 年底报道,伦敦现在已经基本告别了用煤。2014 年 2 月 10 日习总书记在中央财经会议上指出了“疏解北京的非首都功能”,北京市已经在多方面落实行动,2014 年内已经陆续退出不符合首都功能定位的三百余家污染企业。

2016年2月19日，北京市规委公布，北京市将建设5条宽度500米以上的一级通风廊道，以及多条宽度80米以上的二级通风廊道，组成通风廊道网络系统。此方案一经公布，便引起了人们的热议。但是就在2015年12月6—9日、22—25日北京两次严重污染天气中，静稳天气条件下，不仅城区严重污染，周边郊区也都是严重污染天气，通风廊道无风可通，成了摆设。

我在这次媒体热议中，也几乎没有听到记者、专家认同通风廊道可以治霾。但是，也不可否认，通风廊道系统对改善城市生态环境、缓解热岛效应等还是有一定作用。而且，建设通风廊道也不是要拆除大楼群，只是在未来规划中加以控制，因此我们不妨乐观其成。

“雾霾”名词的科学性问题[①]

“雾非雾、霾非霾”的“雾霾”问题，是现今社会最关注的民生热点问题之一。“雾霾”名词的科学性问题，也成了气象部门内外热议的一个重点。社会上，包括一年一度的全国两会上，几乎一律都称“雾霾”，而气象部门则从科学上坚持认为，雾就是雾，霾就是霾，称“雾霾”不科学，气象台也都分别预报雾和霾。日前有两家媒体分别给我打电话，反复询问“雾霾”名词的科学性问题，使我强烈感到社会上对此的关注。经我研究、思考，认识到主要乃是双方看问题的角度和出发点不同。所以只要亮明观点，又何妨继续“各说各的”。当然，本文只是个人理解，求教于广大读者、编者。

从气象学角度看，“雾霾”名词不科学

在气象学中，雾是指由于大气中因水汽凝结而成的无数小水滴的集合，使能见距离小于 1 千米的一种天气现象。而霾则是指由于大气中无数固体颗粒集合而使能见距离小于 10 千米的一种天气现象。

所以，这确实是大气中不同质的两种天气现象。但现今，却把它们紧密连结组成新词，这个新词，不仅气象科学名词中没有，过去老百姓也是没有听说过的。而且，由于“雾霾”尚没有科学的定义和数值界定，气象台自然也无法预报“雾霾”，只能分别预报雾和霾。所以气象部门从科学上，当然是不可能接受这个气象名词的。

---

① 此篇文章发表于 2016 年初，仅代表作者当时的观点。

此外，气象学者指出，雾和霾之间除了雾滴和霾粒之别外，还有许多不同。其中与人们关系最密切的是，雾是潮湿的而霾是干燥的。气象学里空气的干湿程度，是用相对湿度[①]来表示的。中国气象局曾规定，相对湿度90%以上为雾，80%以下为霾。再有，从成因规律看，雾主要是自然形成的，而现代的霾则主要是人为形成的，各自变化规律也不同，放在一起确也不利于研究和预报。

从哲理、人文角度看，"雾霾"名词更合理

城市中由于工业的发展，汽车数量的迅速增加，给城市大气注入了巨量的烟霾颗粒。而这种颗粒一般都是吸湿性的，会大量吸附空气中和水滴上的水汽，使雾中相对湿度低于100%，或者说当空气相对湿度还不到100%时雾就可以出现了。当时社会上流传的"辽宁、上海气象局专家说，现在大城市中已经没有雾了"，说的应该就是大城市中没有相对湿度为100%的纯水汽雾了。

其实，至少早在20世纪60年代，我国城市中雾就开始这样了。我在80年代研究过上海的雾中相对湿度（用的站是市区南缘的龙华，后因城市发展而迁出），在使用的60—70年代的15年资料里，上海平均每年出现过雾的日数约43天，出现雾时的相对湿度定时观测（每日有02时、08时、14时和20时4次）中，共出现227次相对湿度低于100%的情况。其中195次为95%～99%，19次为90%～94%，8次为85%～89%，2次为80%～84%。最低2次分别是1979年10月11日和1965年10月17日，前者为72%，后者甚至只有67%，都出现在08时。同时统计的重庆、沈阳、天津和乌鲁木齐等城市（分别代表西南、东北、华北和西北等地区）也有类似情况，只是雾中相对湿度数值要比上海高些。我当时在文章中称这类雾为"干雾"。

由此可见，大城市中雾的变干现象早已开始了，只是当相对湿度在90%以上时，霾粒还少，水滴还大，雾性较强，色偏白，感觉潮湿；而80%以下时，霾粒较多，水滴较小，颜色偏灰或偏黄，感觉干燥，甚至能闻到"烟味"。

所以，在大多数情况下，城市"雾霾"天气时大都处于雾和霾互相转化的过渡阶

---

① 相对湿度在数值上等于大气实际水汽压与该湿度下饱和水汽压之比。当两者相等时，称为水汽饱和，相对湿度100%，例如云雾之中。当大气中没有水汽时，水汽压和相对湿度都是0，例如沙漠之中。

段，常常也是最不易辨别的阶段，老百姓又不会去观测识别，此时称之为“雾霾”，岂不很自然，很合理，很科学？特别是，相对湿度为80%～90%时，气象部门既不称之为雾，也不称之为霾，用现成的“雾霾”岂不也很自然？

实际上，亦雾亦霾的“雾霾”天气，可以看作是由雾和霾组成的矛盾，两者对立而又统一，并且可以互相转化（例如夜间降温，相对湿度升高，霾可以转化为雾，白天阳光下升温，则雾转化为霾），并非绝对不变。由霾转变为雾时，霾实际上并未消失；由雾转变为霾时，由于霾粒的吸湿性，雾也没有完全消失。或者说，天气预报中，单独存在的雾区和霾区中，也不见得没有对方的成分。我再举个不是很恰当的例子：把黑、白两色加以混合，得一系列灰色。谁能说深灰就是黑，浅灰就是白？本是一个混合物，一定要确定为非黑即白，非雾即霾，是不是也有点不科学呢？

退一步说，我国还有一个约定俗成的习惯。最典型的例子是熊猫。其实从动物学说，它应是猫熊而不是熊猫，因为它是熊科而不是猫科。但是却阴差阳错叫成了“熊猫”，最后连研究熊猫的科学家也把猫熊叫熊猫了。可见，即使叫错了，只要大家心里明白，又有什么关系呢？

“雾霾”“雾-霾”何妨并存使用

气象部门既然觉得“雾霾”名词不科学，那自然会提出一个比较科学的名词。在中国气象局主办的《中国气象报》和《气象知识》期刊上，普遍出现了“雾-霾”“雾、霾”和“雾和霾”等提法。其实，“雾霾”名词的内涵倒不仅可以包括从雾到霾的整个阶段，而且还能包括二次生成的污染粒子（例如光化学烟雾），因为它本身就是一个未加定义的混合物。而非雾即霾的“雾-霾”等，从科学定义上说，恰恰是不能包括的。还有，在各种正式场合，特别是口头上提到治理“雾霾”时，如果在雾和霾之间加“-”“、”和“和”，不仅拗口，更重要的是别人甚至无法确切理解你的意思。再者，雾是不需要治理的。

实际上，几十年前发达国家也遇到过与我国今天同样的霾污染问题，但他们不用现成的haze（霾），而是新造了一个英语名词“smog”，它是分别取smoke（烟）和fog（雾）的前后缀组成的。他们不用smoke-fog（烟-雾），而是重新组成类似“雾霾”的单个名词smog，岂非和我国群众创造的非雾非霾、亦雾亦霾的“雾霾”有异曲同工之妙？其原因，我理解是，因为英国气候潮湿，它不同于干旱地区，而是类似我国中东部地区，在雾中混进了烟、霾等颗粒。最近《CHINA DAILY》(《中国日报》)评论有关“雾霾”的纪录片时，也正是用“smog”来称“雾霾”的。

从以上分析可见，“雾霾”的各种名称实际上各有其理，只是看问题的角度、出发点不同。而且，“雾霾”实际上也只是我国北方的一种地方性名称。例如，在广州，因为出现霾时往往无雾，因此他们称为“灰霾”。因此我觉得，“雾霾”名称问题，目前何妨继续“各说各的”。因为，我相信，社会上会理解气象部门的科学立场和实际困难；而气象部门，只要它不作为科学名词(smog也没有进英语气象科学名词)使用，完全可以“入乡随俗”尊重群众的合理创造。而且，最近(2015年底)北京气象台晚间天气预报中，开始用“雾霾天气”等提法，我就觉得听起来很顺、很自然。

而且我觉得，和世界上任何事物一样，“雾霾”是我们自己制造出来的，将来我们科技发展治理好了“雾霾”，“雾霾”名词也会自然消失。例如，美国国家航空航天局2010年发布的卫星监测的全球年平均$PM_{2.5}$的分布图上，欧美等发达国家都在20～35微克/米^3，甚至在15微克/米^{3}以下，而我国华北、华东、华中等地区则高达50～80微克/米^3。最近西欧因各种不利气象条件重合，出现重污染天气，但据报道法国$PM_{2.5}$日平均浓度也仅80微克/米^3，相当于北京目前“良好“水平。所以，若不久的将来我们也达到那样的水平，甚至更好，那时我们自然就会忘记了“雾霾”“雾-霾”和“smog”，不是吗？

孔子能够回答《两小儿辩日》吗

——大气层造成的太阳视觉误差故事

在流传了两千多年的《列子·汤问》中，记载了著名的《两小儿辩日》(人们熟知的《愚公移山》《杞人忧天》等也出自该书)。这个故事在我国流传甚广，但却没有见到有人研究，这个问题在古代是不是能够解答。

我们先来看看《两小儿辩日》的全文。

孔子东游，见两小儿辩斗，问其故。一儿曰："我以日始出时去人近，而日中时远也。"一儿以日初出远，而日中时近也。一儿曰："日初出大如车盖，及日中，则如盘盂，此不为远者小而近者大乎？"一儿曰："日初出沧沧凉凉，及其日中，如探汤(烫)，此不为近者热而远者凉乎？"孔子不能决也。两小儿笑曰："孰为汝多知乎？"

这篇文章的大意是：两小儿辩论早晨和中午哪个时候太阳离我们近。一个小儿说日出时近，因为日出时太阳大；另一个小儿说中午时近，因为中午时太阳热。孔子不能回答，两小儿笑他知识不广博。

其实，两个小儿说的都不对。所以孔子要真是择答了，就错了。因为，根据科学计算，太阳一日之中几乎离我们一样远。

"早晨中午太阳不同"都是错觉

先说第二个小儿说法为什么不对。因为，早晨和中午时阳光的凉热不同，主要是地球有着厚达几百千米的大气层，早晨阳光几乎平行地面，需要穿过比中午垂直照射时厚得多的大气层。一路上阳光被大气中的分子、尘埃、水滴等粒子散射、吸收，因此阳光在到达人体时热力强度大大减弱。这也是中午太阳亮白，早晨太阳暗红的原因所在。所以，中午的太阳热于早晨的太阳，不是因为中午太阳离我们近。

再说第一个小儿的说法为什么也不对。因为，早上太阳看起来大，并非是因为离我们近。这是我们的视觉错觉，其实也是由于地球有大气层造成的。

简单地说，由于从天顶来的光线通过大气层的路径最短，使我们觉得头上的天穹离我们最近；而来自地平线方向的光线通过大气层的路径最长，经过大气中各种粒子的吸收、散射，使大气透明度减弱，显得朦胧，我们就会觉得天边的天穹离我们最远。这样，我们看到的视觉天穹便不是真正半个圆球，而是垂直方向被压扁了的半个椭球，即所谓"天似穹庐，笼盖四方"。研究指出，光线越亮，视觉穹庐越扁。

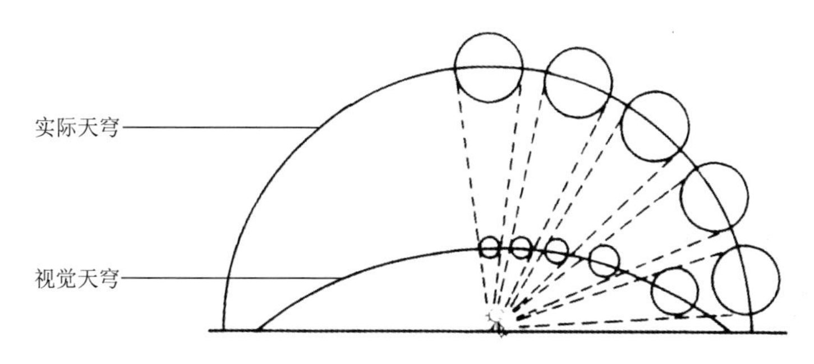

早晨太阳大中午太阳小的视觉原因

据计算，实际天穹上 75°～90°(天顶附近)高度角范围，在我们的视觉天穹上只有 66°，即偏小 9°之多。而实际天穹上 0°～15°(天边附近)高度角范围，在视觉天穹上可达 32°，即偏大 17°之多。

在这样的视觉天穹上，我们看太阳的大小也会发生误差。使天顶上的太阳看起来小得多，而地平线上的太阳看起来则大得多。只有太阳高度角在 30°(以下显大)～35°(以上显小)时，太阳的视直径和真直径比较接近。

当然，这种现象，也有人从地平线上因有参照物而感觉太阳大，天顶上因无参照物而感觉太阳小来解释。

跳出大气层便见真相

《两小儿辩日》在古代基本是"不解之谜"。其实，我觉得古代应该也能解。

宋代苏轼在游庐山时写过一首诗，诗中有"不识庐山真面目，只缘身在此山中"。我们情况也是如此，既然造成《两小儿辩日》中两小儿皆错的原因，都是由于我们身在大气层中，那么我们设法跳出大气层，不就可以看到早晨的太阳和中午一样大，感觉到早晨的太阳和中午一样热了吗？

是的，现代人造卫星、宇宙飞船上看到的就是这样。但实际上不需要完全跳出大气层外，例如我们乘坐大型客机在万米高空（大体 75%的大气质量已在脚下），也可实现。我有一次从乌鲁木齐飞上海，中午起飞，行程约 4 小时，因两地经度约相差 34°，到目的地时已傍晚。在万米高空看，中午乌鲁木齐天顶的太阳和傍晚上海天边的太阳确是难辨大小的（看时要戴墨镜以保护眼睛）。

其实，不用这么高也可以有近似的结果。我曾几次上海拔 2896 米的五台山顶气象站，那里大体 30%即最浓密的大气已在脚下。我已明显体会到这里"日照胸前暖，风吹背后寒"的辐射气候。日出日没时，太阳和日中一样光芒万丈，不可直视，直径也不比在天顶时大多少，当此时"不高的"太阳偶然从云中露出来照到皮肤上，也会有突然像被烫着了那样的感觉。因此，我说这个问题古代亦能解。

五台山上晚上看天上的星星也已经不"眨眼"。因为星星"眨眼"主要是密度大的低层大气在不停地流动，星光透过的大气层密度也在不停地变化。当我们站到了高山之上，最浓密的大气层已在脚下，大气密度变化不够大，星星自然就不会再"眨眼"了。

1995 年 11 月 8 日我作为科学顾问，随中央电视台《正大综艺》栏目在黑龙江漠河拍摄气象专集时，当时气温－39 ℃（早晨），冻得脸上发痛，我们都是按照当地漠河县气象局副局长指点，用脸朝向刚刚升上地平线的太阳"取暖"的。因为那里虽海拔仅 300 米，但大气层十分清洁。因而太阳在天边时不仅阳光温暖，太阳也白色明亮，不像大城市中那样又红又大。

所以，孔子如果能像后来唐代杜甫那样登泰山（玉皇顶海拔 1517 米），像明代徐霞客登黄山(光明顶海拔1840米),或像宋代范成大登峨眉山(金顶海拔3048米),那么,以他的睿智,一定会发现其中“端倪”。于是,《两小儿辩日》的最后一段,也许会变成:

“孔子曰:‘非也,皆非也。汝若登高山,即可知晨阳亦小、晨阳亦热也。此皆大气层之戏耳!’”

列子“智者千虑必有一失”

大家知道,《列子》属道家著作,而孔子是儒家学派的代表。在春秋战国时代,各种学派唇枪舌剑,互相攻讦、取笑是常事。《两小儿辩日》中最后一句“孰为汝多知乎”,我认为就是列子在借两小儿之口取笑孔子。当然,列子能编出当时社会上无解的这种科学矛盾来考倒孔子,可谓聪明绝顶。

但是,在我看来,列子此举其实并不明智(如果他确有取笑孔子之意)。因为从客观上说,孔子“不能决”,是很正常的,时代(知识)所限么。因此这并不有损于孔子,而反倒是成了列子表扬孔子“实事求是”的千古美谈。而更重要的是,列子用他自己也不知的事物去考别人,在君子道德上已经输了孔子一头,同时也告诉了人们他自己知识的局限,也许在别的事情上也会如此,遗患无穷。因此,后人难免会反问他:“孰为汝多知乎?”

文化编

为什么中医和中医养生文化只能诞生在中国

从20世纪90年代始，我在研究了约40年的中国气候之后，认识上有了一个飞跃。认识到中国气候不仅影响了我国的自然景观、植被，农业和经济建设等物质层面，而且通过影响人们的衣食住行、风俗习惯，最终影响到了文化，即精神层面。中医药学是打开中华文明宝库的钥匙(习近平语)，中医是中国传统文化的精华。这种文化既然只诞生在中国，必然是因为和中国的自然地理，特别是气候条件有密切联系。

中医只能诞生在中国的内因和外因

本文首先从构成中医骨架的阴阳、四时、五行和六气(六淫)四个重要方面入手，从气象学的角度，论证为什么中医和中医养生文化只能诞生在我国的黄河中下游地区。

一、阴阳

阴阳是中医治病的总纲。“医道虽繁，而可以一言蔽之者，曰阴阳而已。”明代张景岳说：“而命之所系，惟阴与阳。不识阴阳，焉知医理？”所以可以说，没有阴阳，便没有中医。我国之所以能诞生中医，首先就是因为这里能诞生“阴阳”的概念。

为什么？

古人概念的形成，一般“近取诸身，远取诸物”，即来自自然界或生活。

具体说来，我国古代阴阳概念的产生与太阳有关：向阳为阳，背阳为阴。我国黄河中下游位于温带纬度（北纬35°～36°），冬至日中午太阳高度不到30°，太阳就在地平线上不高的地方，阳光强度较弱；而夏至日中午太阳高度78°，“视太阳”就在天顶（90°），阳光十分灿烂强烈。冬夏间光线和热量的强弱对比都很显著。即温带纬度上的冬阴夏阳对比，是各纬度带中最鲜明的。

而在温带纬度上，世界上又以我国在人体感觉上最为冬冷夏热。我国黄河中下游地区冬季冰雪严寒，像寒带；夏季又常热得令人汗流浃背，家家几乎都安装了空调，像热带，冷热对比世所罕见。古人以热为阳，以冷为阴，因此冬冷夏热造成的冬阴夏阳对比，也以我国最为鲜明。

可以想象，温带以外的赤道、热带地区，太阳终年在天顶光芒四射，四季恒夏；而寒带、极地太阳终年斜射，热量微弱，四季恒冬。这些地区里，自然界当然不可能孕育出鲜明的“阴阳”概念来。

二、四时

除了阴阳之外，中医的诞生也和四时，即春、夏、秋、冬的鲜明温度变化，对人体健康的重要影响有关。因为《黄帝内经》中把四季和阴阳都提到了人的“死生之本”的高度：“故阴阳四时者，万物之终始也，死生之本也。逆之则灾害生，从之则苛疾不起，是谓得道。”《周易·系辞》上卷中也有“变化莫大于四时”之说。可见古人认为，四时变化是大自然影响人体健康中最重要的变化，是人体致病的主要外因。所以“顺四时（季）而适寒暑”才成为我国气候条件下防病、养生的一个总原则。这就是为什么在温带纬度上只有最冬冷夏热的我国黄河中下游地区才能诞生中医的主要原因。

三、五行

我们知道，阴阳是中医治病的纲，五行则是中医治病的主要方法。中医主要就是通过“木、火、土、金、水”五行归类，把人体最重要的“肝、心、脾、肺、肾”五脏与自然界万事万物联系成一个完整的大系统（例如一年中“春、夏、长夏、秋、冬”五季和相应“风、暑、湿、燥、寒”五种致病外因），称为中医的“脏象学说”。然后再运用五行之间“生、克、乘、侮”等理论辨证论治。所以说没有五行，也就没有中医。

但是，一年中本只有春、夏、秋、冬四季，这第五季“长夏”古人又是如何划分出来的呢？

在我国华北、东北地区，夏季中本就有两种气候，大体7月上半月及以前为干季，下半月及以后为雨季。因为自春至夏，从南方副热带高压西侧北上的太平洋暖湿气流与北方南下的冷空气之间的夏季风锋面雨带一路北推，于后半夏到达这里，造成当地一年一度的夏季风雨季。

有意思的是，长夏季节位于夏季和秋季之间，正好对应五脏中的脾脏，而脾又正是恶长夏季节的主气湿（例如，心对应夏，恶夏季主气热；肾对应冬，恶冬季主气寒等），两者对应匹配十分和谐自然。否则，即使一年中分出了第五季，但匹配不当，仍不能构建成阴阳五行和谐的中医骨架。

中医五行和相应五脏、季节、气候简表

五行	五脏	方位	季节	气候	农作物
木	肝	东	春	风	生
火	心	南	夏	暑	长
土	脾	中	长夏	湿	化
金	肺	西	秋	燥	收
水	肾	北	冬	寒	藏

四、六气（六淫）

人们生活在大气之中。在正常情况下，“风、寒、暑、湿、燥、火”六气多是人们生存的必需气象条件。只是当六气变化过于剧烈，超过人体的适应调节能力，成为致病外因时，才称为“六淫”。古人“莫不为利，莫不为害”，说的正是这个意思。

在“六淫”中，“寒”和“暑”是温度方面的致病因子，对应冬季和夏季；“湿”和“燥”是湿度方面的致病因子，对应长夏和秋季。可见，即使有了冬冷夏热气候之分，如果没有雨季和干季之别，中医还是不能诞生。因为“六气”不全，实际上同时也就是“五行”不全。

总之，从以上“阴阳”“四时”“五行”“六气”看，我国只有黄河中下游地区才具有这种在气象学中叫作“温带大陆性季风气候”的独特气候。根据世界季风区划，这种气候世界上只出现在我国华北、东北地区。但是东北地区夏季不热（最北部甚至无夏），只有黄河中下游地区这种气候才最鲜明。世界上其他地区中只有美国中西部温带地区，例如俄克拉何马州和堪萨斯州部分地区气候条件与之相近，即也冬冷夏热，也是夏半年比冬半年多雨的温带大陆性气候。可是那里没有夏季风雨季，7 月、8 月降水量还不如 5 月、6 月多，夏季中不能划分出先干后湿两个自然季节来。

当然，即使完全具备了黄河中下游的气候条件，也还不一定能形成中医。因为，中医只能诞生在是中国传统文化的基础上。这也就是为什么黄河中下游地区人类和自然界已有几百万年历史，而中医理论都在两千年前中国传统文化基本定型之后才形成的原因所在。

如果说，中国传统文化是中医诞生的内因的话，那么黄河中下游的气候条件就是中医诞生的必要外因。内外因缺一，中医都不会诞生。

中医只能诞生在中国的认识论方面原因

中医只能诞生在中国黄河中下游地区问题，分析到上一段，应该说可以告一段落了。但我总觉得事情不会那么简单。至少，我们只是分析了外因的一种可能，而且也只是物质方面的，我们的中国气候会不会在精神方面对形成中医也有什么重要影响？这是我在 2017 年研究中国气候对中国传统文化影响也有物质和精神两个方面得到的启发。

后来，我发现中国社会科学研究院刘长林研究员提出的“时空认识论”，就是论述不同的时空观形成不同的医学，即西医和中医的。从物质和精神两个方面论述中医诞生，就相对全面多了。

刘先生说：“在人类对事物认识的方法中，我认为最大的选择是对时空的选择。中国偏向时间，认识事物以时间为主，空间为辅，以时间统摄空间。西方则偏向空间，认识事物以空间为主，时间为辅，以空间统摄时间。这两条认识路线，就产生了两种科学体系。后者起源于古希腊，前者起源于中国黄河中下游地区。

“西方科学体系以空间为主。空间性实，其特性在于广延和并列。空间可以分割，可以占有。……在空间中人与物是不平等的，人居主位，对物（自然）持征服和主宰的态度。因此，主体与客体采取对立的形式。……以空间为本位，就会着重研究事物的有形实体和物质构成……认识空间性质主要靠分析、抽象和有控制条件的实验。……以空间为本位的认识论认为……整体由部分合成，部分决定整体。西医学的基础理论就是这么来的。

“中医科学体系以时间为主。时间性虚，其特征在于持续和变异。时间不能分割，不能占有，只能共享。在时间里，人与人，人与万物是平等、共进的关系。庄子说：‘天地与我并生，而万物与我为一。’因此，主体客体采取相融的方式。

“故从时间的角度认识事物，着眼在自然的原本的整体，表现为现象和自然的流程。主体必须‘内静外敬’，尊重对象，丝毫不伤害对象的自然整体状态，也就是向宇宙彻底开放的状态。在‘因’‘顺’对象的自然存在和流行中，寻找其本质和规律。用老子的话说，就是‘道法自然’。这是总的原则。”

所以，世界上中、西两种不同的认识方法产生了中、西两种不同的科学体系。那么，为什么会产生这样两种不同的认识方法？我们从中国“以时间为主”的认识方法说起。

我国古代中医学家认为，这是由于我们古人长期生活在周期性运动的自然环境中所造成的。

例如，在一天中是昼夜交替的周期运动，一年中是四季交替的周期运动。我有一次在电视节目上看到著名舞蹈家杨丽萍说，她在她们老家西双版纳时感到时间是呈直线地流逝，因为那里没有冬季，全年都很暖热；但到了北方，冬季结冰下雪，夏季暑热难当，却感到时间是春—夏—秋—冬的循环运动。在中医治病方法理论的核心“脏象学说”中，五行生克关系也是动态的圆形结构。其实，在中医治病纲领“阴阳”概念中，最早也是用来表示日月推移、昼夜更替的一种时间概念。《周易》的“周”也有循环的意思，《周易・系辞》在论述“日月往来，寒暑往来”时说：“往者屈也，来者信也，屈信相感，而利生焉。”所以《周易》实际上就可以看成是阐述世间万事万物运动既循环又变易的专著。所以《黄帝内经》中也才把四季变化对人体影响的认识提高到了“人以天地之气生，四时之法成”的极高高度，指出了人的生老病死，从一出生就打上了天地四时的深刻烙印，并表现出相同的周期性变化运动规律。

还有，作为易学代表图式的阴阳鱼太极图，也是反映了宇宙世界的圆形运动规律，循环往复，以至无穷；我国“国拳”太极拳，无论是养气蓄劲，还是进招运式，也都是在力趋柔和的圆形运动，等等。

我国古人生活在以黄河中下游为中心的陆地上，北有大漠，西有高原，东、南有大海。人们祖祖辈辈生活在空间不变，但时间(四季)变化却十分鲜明的自然条件下，这自然就有助于形成以时间为主的认识方法。这是丝毫不奇怪的。

但是，大体同在中纬度的西欧古希腊，也有昼夜，也有四季，但为什么诞生不出以时间为主，而是诞生出以空间为主的认识方式？原因只能是我国黄河中下游四季变化特别鲜明，鲜明到杨丽萍能直观地感到时间从直线变化到圆形曲线变化。而西欧，包括古希腊，它们是显著的海洋性气候，冬暖而夏凉，四季变化并不明显。且他们从航海、贸易和远征等的需求出发，自然而然地发展出以空间为主的认识方式，这也是合情合理的。

但是，我国产生“以时间为主”认识方式的原因，并不止于此。

因为我国除了鲜明的冬冷夏热四季循环以外，还有同样鲜明的冬干夏雨，即干湿季节循环。因为我国是世界上季节变化最为鲜明的大陆性季风气候。冬季盛行从西伯利亚南下的强冷空气，不仅十分严寒，而且十分干燥，大气中含水量极少。从12月至次年2月的冬季里，黄河中下游地区3个月降水总量只约占年降水量的11%。而夏季盛行从南方海洋上来的夏季风，带来了丰沛的降水(含暴雨和大暴雨)，6—8月降水总量约占年降水量的52%。其中7月下旬到8月上旬20天的降水量就占了年降水量的近1/3，因此盛夏季节历史上常常暴发洪水。古代大禹治水治的就是这一带的洪涝。

但是在春季，当冬小麦处于拔节、扬花和抽穗等特别需水的阶段，华北却常常是“十年九春旱”的“掐脖子旱”时期。历史上严重春旱时期，甚至常常赤地千里，老百姓逃荒要饭。明末李自成起义就是以包括黄河中下游在内的北方地区连续5年严重旱灾情况下爆发的。所以如果说冬冷夏热循环会使老百姓“朱门酒肉臭，路有冻死骨”，那么春旱夏涝循环更易使“饿殍遍野”“易子而食”。这种干湿循环对“以时间为主”认识方式形成的产生的作用，应该一点不比冬冷夏热循环的作用差。

而西欧地区，由于气候呈海洋性，雨量的季节分布相对均匀也不利于形成“以时间为主”的认识方式。

当然，形成“以时间为主”的认识方式，原因除了天文、气象等自然因素外，还有社会因素。其中最重要的是，我国古代是典型的农业社会，“春生、夏长、秋收、冬藏”

这种生产、生活方式周期性变化对形成“以时间为主”的认识方式，可能更加重要，不过它们仍都是由四季周期性变化所产生。

实际上，古代中医学也早就认识到，大宇宙的这种时间循环变化肯定会深刻影响到人身这个小宇宙。因此很早就发展出了《时间医学》《圆运动古中医学》等医学理论和实践。这些内容过于专业，且篇幅所限，这里就不讨论了。

中医和天气预报发展的“比较”

和世界其他优秀事物一样，风靡全球的中医也有它自己的短板。

因为毕竟中医的框架结构是在两千多年以前奠定的，有着许多局限。例如，中医专家就说，阴阳学说虽是古代朴素的唯物辩证法，但不符合现代真正意义上的对立统一规律。五行学说虽是古代朴素的系统论，但也有学者认为，它是一种思维模型，是实际的很大简化，不可能包含所有情况。因此，中医治病时实际上也常常需要灵活处理。

有学者把中医阴阳五行学说给中医带来的负面影响总结为直观性、模糊性和超稳定性。这主要是因为古代治病只要求把病治愈，而对于治愈的机制不太了解，只要能模糊说得通就可以。因此中医历史上虽也曾有过多次重大发展高潮，但都没有使中医发生重大的变化。

这就是直观性和模糊性造成的超稳定性的结果。

控制论学者深入比较了中西医的方法论，指出中医是一种不打开“黑箱”来调节和控制人体的医学理论体系。这是中医成功的奇妙之处。但永不打开黑箱（因为无须打开）这显然也限制了中医的进一步发展。

下面，我也学学中医，用我国天气预报的发展作类比，来说说阻碍中医发展的原因。实际上这个类比，也就是所谓的李约瑟难题。难题的主题是：中国古代科学技术在世界上处于领先地位（例如四大发明），近代为什么反而落后了呢？为什么近代科学（当然也包括现代医学，即西医）没能在古代科学发达的中国发展起来？

我国天气预报发展情况和中医发展有点类似。中国古代的天气谚语是很出色的，根据天气谚语有时可以将短时、短期天气预报得相当准确。但是在西方发明现代天气图预报方法，并传入中国(1916年)之前，中国的天气预报基本上仍处在天气谚语阶段。这种发展情况有点像中医，当然两者内含和本质完全不同。

发展受阻的原因，主要与中国传统文化及社会环境有关。首先，中国古代崇尚探索“形而上”，即道，而忽视“形而下”，即器。也就是中国古代重文轻理，仅视十年寒窗“学而优则仕”为正途，视科学技术为“雕虫小技”，难登大雅之堂。古代就算是技术很高的医生，其社会地位也常常是很低的。其次，从科技原理方面说，中医有直观性、模糊性，中医诊病是经验性的、定性的，没有数据。例如中医中的高明医生和蹩脚医生看病，结果会大不同。天气预报也是这样。虽然根据天气谚语人人可做天气预报，但预报出来的结果却可以大不一样。

但是，西方却不一样。古希腊毕达哥拉斯学派有句名言：“数是人类思想的向导和主人。没有它的力量，万物就都处于昏暗混乱之中。”所以，他们重实证、重实验、重仪器、重数据。于是西方大约17世纪开始就发明了温度计、气压计等气象仪器，并通过仪器观测得出了数据。以气压计为例，有了各地的气压观测数据，把它们填在一张地图上，把气压相等的地点连成一条曲线，称为等压线。有了许多等压线，地图上就出现了高低压天气系统，这就是天气图。而高低压天气系统是产生天气的，例如高气压系统中天气晴朗，低气压系统中天气阴雨。这样，只要根据前几天的实况，凭经验预报出这些天气系统未来的路径和移动速度，各地的天气便预报出来了。人类历史上天气图天气预报方法就这样诞生了。后来，天气图天气预报还发展到了数值天气预报，人类开始用计算机预报天气。而且就目前情况而言，数值方法第3～7天的天气预报结果尚能参考使用，而天气图方法的预报结果已不能使用。

而天气谚语因为只定性不定量，没有数据，再过几百年也是发展不到计算机天气预报的。这就是我对李约瑟难题中天气预报问题的回答。

当然，天气预报发展和中医发展是不可比的，因为这是两种不同质的科学和文化，但结果是类似的。试问，如果中医按原来道路发展下去，只定性不定量，能发展出现代西方放射医学、分子医学、基因医学吗？而这些检测和诊断技术已在中医中广泛使用。

所以，我国民间的天气预报方法，是因现代西方天气图天气预报方法的“入侵”而结束的。这有点像20世纪初中医遭到西医“入侵”一样。

但是，两者“入侵”的结果却完全不同。

因为天气谚语只是凝结了我国古人一些零散的看天经验，并未（我认为也不可能）上升成系统和理论，所以也没有形成规模和业务。而且它确实也不能满足社会和经济不断发展对天气预报的需要。因此这种先进取代落后的取代是平静的，甚至是自然的，没有遇到任何“抵抗”。

但中医就不同了。从理论上说，中医包含了中国传统文化的精华，废弃中医实质上也就是否定中国传统文化。而文化是民族存在的基础。从实践上说，中医能够治好病，而且能治西医不能治和不敢治的病，实践就是检验真理的标准。因此一百多年来，多次上演的“废弃中医”“否定中医”“批评中医”等事端都遭到了激烈、顽强的抵抗，显示了中医强大的生命力。

在这些“消灭中医”的浪潮中，还发生了一些趣事。即这些“消灭中医”的领军人物本人或亲属，患了西医宣布不治的重病，在无可奈何的情况下，最后还是由中医治好了他们的病。例如汪精卫的岳母，以及胡适本人等。

但是，即便是中医名家们也都认为，中医远非完美。尽管中医的许多哲学思想和文化内涵具有超前性，能发展到今天，而且还有无穷的生命力，有待我们继续发掘和发扬。但毕竟框架结构和许多重要内容都是在两千年前形成的，有很多局限。而且，现代科学正飞速发展，现代社会正飞速进步。为了适应这种变化，为了中医自身发展和进一步走向世界，为世界人民健康服务，主观上和客观上都要求中医在许多方面有所改变。

从气象学角度试评毛泽东词三首

2013 年是毛泽东主席诞生 120 周年。他是一位伟大的革命家、政治家，也是一位伟大的诗人。他因其豪放诗词，被柳亚子誉为中国有词以来第一作手，“虽苏(轼)、辛(弃疾)未能抗”。这也为当今诗人所公认。

不过，诗人毕竟不研究科学。如果从科学的角度看，再伟大的诗人也可能会有“不合科学”之处，我不避自不量力和抬杠之嫌，斗胆从气象学角度试加评点毛泽东主席词三首。不当之处，读者见谅。

念奴娇·昆仑

横空出世，莽昆仑，阅尽人间春色。飞起玉龙三百万，搅得周天寒彻。夏日消溶，江河横溢，人或为鱼鳖。千秋功罪，谁人曾与评说？

而今我谓昆仑：不要这高，不要这多雪。安得倚天抽宝剑，把汝裁为三截，一截遗欧，一截赠美，一截还东国。太平世界，环球同此凉热。

此词是毛泽东在 1935 年 9 月，在长征中登上岷山(昆仑山系支脉)看到连绵雪山时所作。上片形容昆仑之高、之多雪、之功罪，下片就是他的评说。他要用宝剑把它裁为三截，这样昆仑就矮了，就不会有这多雪了，也就没有“江河横溢”等罪了，就世界太平，环球同此凉热了。

实际上，作者是把昆仑比作包括日本在内的帝国主义(作者自注：本词主题思想是反对帝国主义)。今把昆仑裁了，帝国主义消灭了，岂不天下太平，环球同此凉热了？其实，从科学上理解也是可以的。既然昆仑一分为三，每截都只原来三分之一高度。同高则同温，环球自然同此凉热。

但是，上片中并未具体说昆仑之功。当然，帝国主义也是无“功”可言的。不过，在气象学上昆仑山脉却是有“功”的。因为此词问世后不久，气象学家就通过数值模拟证明，现今我国季风气候是包括昆仑山脉在内的青藏高原隆起后才有的，如果在模拟中删去了青藏高原，就不再有现今冬冷夏热、冬干夏湿的季风气候。而我国五千年的历史和传统文化不正是在季风气候中诞生和发展的吗？昆仑之功，功莫大焉！

由此可见，昆仑山脉是裁不得的，否则，虽然“环球同此凉热”了，但中国季风气候也就没了。当然，前者是政治，后者是科学，两者是不可混为一谈的。同一问题，各说各的，可也。

沁园春·雪

北国风光，千里冰封，万里雪飘。望长城内外，惟余莽莽；大河上下，顿失滔滔。山舞银蛇，原驰蜡象，欲与天公试比高。须晴日，看红装素裹，分外妖娆。

江山如此多娇，引无数英雄竞折腰。惜秦皇汉武，略输文采；唐宗宋祖，稍逊风骚。一代天骄，成吉思汗，只识弯弓射大雕。俱往矣，数风流人物，还看今朝。

这首被柳亚子称为千古绝唱的词，是毛泽东1936年2月在陕北写的。上片以雪景“千里冰封，万里雪飘”开始，直到“红装（阳光）素裹（雪盖），分外妖娆”。这是何等壮丽的北国风光！下片从总结上片“江山如此多娇”开始，自然转到会“引无数英雄竞折腰”。接着点出了其中“秦皇汉武”“唐宗宋祖”“成吉思汗”等杰出的英雄。但又指出了他们“略输文采”“稍逊风骚”的不足，因为他们都是封建帝王，代表的不是广大人民。因此，只有代表人民的中国共产党，才是今日的风流人物。

这首词发表于1945年10月国共和谈时的重庆，当时全城轰动，一时间“洛阳纸贵”。国民党气急败坏，因为只要读懂词的人都明白，同毛泽东相比，蒋介石最多也只不过像个“只识弯弓射大雕”的人物；如果国民党只内战，不抗日，早晚就会和这些封建帝王一样，迅速退出历史舞台。

其实，这首大气磅礴的词，也是符合客观事实的。例如，在天气图上可以清楚看到，冬季在西伯利亚南下冷空气的前锋（冷锋）面上，确实常会有数千里同时飘雪的情况。“山舞银蛇，原驰蜡象”也是事实。因为黄土高原上地形主要有黄土塬、黄土梁和黄土峁三种。黄土塬是台状平原，黄土梁是黄土塬被河流纵向切割后呈顶部浑圆的长条地形，黄土峁则是黄土梁进一步被流水横向切割后的一群群山包。因此大雪一盖，不就成了“山舞银蛇”“原驰蜡象”了吗？

还有，本词成功的重要关键是要通过一种伟大的自然景象，引出“无数英雄竞折腰”，才能最后得出“数风流人物，还看今朝”的结论。词人选择了雪景，我确实也想不出除了雪景外，还有什么其他自然景象能够代替。不过，历史上咏雪的诗多了去了，无非都是玉树琼枝、飞絮撒盐，气魄不大，甚至带有苦寒、寂寥等色彩。所以说只有胸怀大的人才能写出气魄大的诗词来。毛泽东诗词所以气魄大，主要是他代表了工农大众，对革命有必胜信心。

《贺新郎·读史》

人猿相揖别。只几个石头磨过，小儿时节。铜铁炉中翻火焰，为问何时猜得？不过几千寒热。人世难逢开口笑，上疆场彼此弯弓月。流遍了，郊原血。

一篇读罢头飞雪，但记得斑斑点点，几行陈迹。五帝三皇神圣事，骗了无涯过客。有多少风流人物？盗跖庄屩流誉后，更陈王奋起挥黄钺。歌未竟，东方白。

据记载，毛泽东在1964年前后，一直都在读《二十四史》等历史书，本词就是他读史的一个历史和艺术相结合的总结。词中说，人猿揖别后，石器时代是人类的童年，接下来的铜铁器时代不过几千年。在阶级社会中，战争不断，血流遍野。但是历史记载中的帝王事并不可信，使无数人都上了当。实际上，古今风流人物恰恰正是那些史中被称为“寇”“匪”“盗”“贼”等的农民运动领袖。颂他们的歌还未唱完，天亮了，新中国诞生了。

本词中与气象学最相关的句子是“不过几千寒热”，即不过几千年。毛泽东用“寒热”代表年，当然基于他的生活实践。因为我国乃大陆性季风气候，冬季盛行从北半球寒极西伯利亚南下的寒流，同纬度最冷；夏季又因大陆性气候而是同纬度除沙漠、干旱地区外最热的地方。据我的研究，我国还是人体实际感觉上冬冷夏热最显著的国家。从时间上说，我国冬夏长而春、秋特短，全年大部分时间是在过冬夏。吐鲁番甚至有“一年只有两季，撒哈拉的夏季和西伯利亚的冬季”之说。毛泽东用一个寒热代表一年，把科学和文学如此高度和谐结合，使研究了50多年中国气候的我也佩服得“五体投地”。

不过，大陆性季风气候造成的冬冷夏热，在世界上却是个“特殊事物”，面积很小。因为,赤道、热带无寒;寒带、极地无热;温带中大部分是海洋,海洋上又大部分冬暖夏凉。最能把一个寒热称为一年的地方只有我国。因此外国人读到“不过几千寒热”有可能会莫名其妙,而我们中国人读来却会发出会心的微笑。毛泽东思想,是马克思主义和中国具体实践相结合的产物,毛泽东诗词则是文学和科学相结合的典范。

愁=秋+心=兴(欣)

——古诗词中咏秋两大主题“悲秋”和“秋兴”

在我国古代咏秋诗词中，有两个大类。一类可以称之为秋兴或赏秋，因为秋季天高气爽、冷暖适宜，秋色斑斓，美景无限。另一类是悲秋、秋愁或秋思，因为自然界的草木枯黄和凋零，天寒日短，老弱病人往往容易联想到人的壮盛之年过去，垂暮之年的到来，常常能引发秋愁和秋悲。

“万里悲秋常作客”——秋愁和悲秋

其实，据记载，在很早的古代，很少有秋愁和秋悲的诗词。大体从先秦宋玉的《九辩》中有“悲哉，秋之为气也。萧瑟兮草木摇落而变衰”以后，才开始多悲秋之作的。

我国盛行大陆性季风气候。一年中春、夏、秋、冬四季分明。近代有位诗论家在一篇文章中说：“中国文学几乎从它开始的时候起，即对节物风光的变化显示了相当的敏感。草木凋零、鸟移兽隐的秋天尤其容易激发人的思乡盼归、伤容华易逝、叹美人迟暮等情愫。于是因秋天到来而伤别、叹老成了中国文学中习见的情感反应模式。”

在我见到的悲秋诗词中，“老”和“病”确是最普遍的悲秋原因之一。例如杜甫的《登高》：“风急天高猿啸哀，渚清沙白鸟飞回。无边落木萧萧下，不尽长江滚滚来。万里悲秋常作客，百年多病独登台。艰难苦恨繁霜鬓，潦倒新停浊酒杯。”就是典型的年老多病、沦落他乡等引发的秋悲和秋愁。

此外，王安石《葛溪驿》中的“病身最觉风露早”，戴表元《秋尽》中的“西（秋）风吹入鬓华深……骨警如医知冷热”，宋琬《初秋即事》中的“瘦骨秋来强自支”，蒋春霖《虞美人》中的“病来身似瘦梧桐，觉道一枝一叶怕秋风”，施闰章《舟中立秋》中的“垂老畏闻秋”等都是因伤病、因年老引起悲秋的例子。

秋日看到白发，引起伤感，也是古人常事，连李白也悲叹“华鬓不耐秋”（《古风》）。但这类诗中有两首很有意思，一首是唐代无名氏的《杂诗》：“函关归路千余里，一夕秋风白发生”；另一首是清代赵翼的《野步》：“最是秋风管闲事，红他枫叶白人头（衰老）”。当然，枫叶是可以在一夜或几夜间被“吹”红的，但头发何以能在短时间内“染白”呢？我认为，这乃和李白的“白发三千丈”一样的夸张形容，只不过李白是用白发长度来夸张，而赵翼等是用白发速度来夸张罢了。

当然，旅居在外或者行旅途中，每逢秋季也常会产生秋思和秋悲。例如宋代何应龙就有“客怀处处不宜秋，秋到梧桐动客愁”（《客怀》）之句。此外，上述王安石的《葛溪驿》显然也是在秋季行旅途中写的，因为诗中第二句便是“一灯明灭照秋床”。

引发秋思、秋悲、秋愁还有其他许多具体环境原因。诸如天寒日短、树木叶落等。孟郊的《秋怀・其二》：“秋月颜色冰，老客志气单。冷露滴梦破，峭风梳骨寒。……梧桐枯峥嵘，声响如哀弹。”李觏的《秋晚悲怀》：“渐老多忧百事忙，天寒日短更心伤。数分红色上黄叶，一瞬曙光成夕阳。”南北朝庾信的《枯树赋》中记载桓大司马闻而叹曰：“昔年种柳，依依汉南。今看摇落，凄怆江潭。树犹如此，人何以堪！”甚至有人说“络纬声声织夜愁”（《西塍秋日即事》），即“纺织娘”这种小虫的叫声也能引发秋愁。

但是，实际上古诗人多数不会单纯地为秋愁而秋愁。他们多数是以诗言志，常常是出于虚度年华、壮志未酬、忧国忧民等各种深层次原因，只是不愿直白写出（有时是为避祸）罢了。例如前述施闰章《舟中立秋》的“垂老畏闻秋”之后，就是“年光逐水流”；李觏《秋晚悲怀》中的“一瞬曙光成夕阳”等都是叹年光流逝，自己年老已不能再为国家和人民做些事情而悲秋的。

陆游《秋晚登城北门》中“幅巾藜杖北城头，卷地西风满眼愁”，则愁的是国家安危，因为后面接着的就是“一点烽传散关（此指边关）信，两行雁带杜陵（此指京城）秋”。王安石虽“病身最觉风露早”，犹“坐感岁时歌慷慨”。欧阳修《秋怀》中“秋怀何黯然”的原因，则是“感事悲双鬓，包羞食万钱”，即因为忧怀国事，连两鬓都白了，他羞于过高官厚禄而又无补于国家的日子。辛弃疾在《丑奴儿》词中的愁，乃是指当时金人强势入侵，而南宋朝廷又被投降派把持朝政的愁。本文前述其他诗人也大都是“丈夫感慨关时事，不学楚人儿女悲”（宋，黄公度《悲秋》）。

那么，秋和愁之间究竟有什么关系？古人也有说道。

宋代吴文英在词《唐多令》首两句中就说“何处合成愁。离人心上秋”。有诗论家解释说，单说秋思很平常，只有别离人的秋思才可称愁。即只有秋加上离人的心，才可称愁。所以唐代诗人严维才在《丹阳送韦参军》中说“丹阳郭里送行舟，一别心知两地秋”，即实际上诗中的秋就是“愁”。至于远古造字者是否出于这样考虑，那就不得而知了。但是，在四季中秋季因为景物、天气等原因而最易引发愁，这一点应该是可以肯定的。这也许正是造字者不在其他季节字面下加心组成愁字的原因吧？

“霜叶红于二月花”——秋兴和赏秋

有位诗论家说：“金秋之季，一岁之运盛极而衰，最能摇荡人的情思。不过，历代文人看重的是秋风秋雨后的红衰翠减的一面，使秋与愁结下了不解之缘。”其实，“秋天不仅令人心旷神怡，而且是个五谷登、水果熟、菊黄蟹肥，令人陶醉的季节”。

在古秋兴诗中，最著名的可能要数唐代刘禹锡和杜牧的两首。

秋日红叶

刘禹锡《秋词二首》中说：“自古逢秋悲寂寥，我言秋日胜春朝。晴空一鹤排云上，便引诗情到碧霄。”“山明水净夜来霜，数树深红出浅黄。试上高楼清入骨，岂如春色嗾人狂。”杜牧的《山行》则主要写红叶：“远上寒山石径斜，白云生处有人家。停车坐爱枫林晚，霜叶红于二月花。”两首诗实际上不仅渲染秋色美景，而且振作励志，又富含哲理意蕴，所以传唱千年不衰。现代诗人毛泽东的“看万山红遍，层林尽染；漫江碧透，百舸争流。鹰击长空，鱼翔浅底，万类霜天竞自由”（《沁园春·长沙》），更曾家喻户晓。

色彩斑斓的秋景诗还有很多。例如宋代杜耒“丹林黄叶斜阳外，绝胜春山暮雨时”（《秋晚》）；唐代戎昱“秋宵月色胜春宵，万里天涯静寂寥”（《戏题秋月》）；明代高启“霜染满林红，萧疎夕照中”（《红叶》）；唐代司空曙“茱萸红实似繁花”（《秋园》）。宋代林逋《宿洞霄宫》里还有“碧涧流红叶，青林点白云”，意思是，碧色涧水上流的是红叶；青青树林上面点缀着白云。碧、红、青、白，这种美丽秋景春天哪里会有？

而且，许多古诗人对于美丽秋景，甚至爱得发“狂”。

例如，刘禹锡《始闻秋风》中最后两句是：“天地肃清堪四望，为君扶病上高台。”诗中“君”就是指秋天。刘禹锡即使抱病也要上高台（高处平地）欣赏胜过春光的秋景！

宋代宋祁还曾在九月初九重阳日专门游宴：“秋晚佳晨重物华，高台复帐驻鸣笳。遨欢任落风前帽，促饮争吹酒上花”。（《九日置酒》）“高台”句是写场面之热烈和气派，“遨欢”两句是说，即使风把帽吹落也不管，继续抢饮他们的菊花酒（古来重阳登山多饮）。宋祁甚至自称“白头太守真愚甚，满插茱萸望辟邪”。可见宋祁赏秋游宴的兴奋之情。

清代汪琬更是率性天真：“自入秋来景物新，拖筇放脚任天真。”（《月下演东坡语》）“拖筇”就是拖着竹杖，“放脚”有无拘束的意思。高兴得以至于吟出“江山风月无常主，但是闲人即主人”。因为苏东坡曾说，清风明月取之无禁，用之不竭。他进一步认为，只有像他这样的“闲人”，才是江山风月的主人！秋景令他兴奋得如此“野心勃勃”！

实际上秋天还有一个重大亮点，就是秋凉。炎夏过去，秋凉为多少诗人所期待。所以杨万里在《秋凉晚步》中说：“秋气堪悲未必然，轻寒正是可人天”；宋代徐玑不直写人的感觉，而是说：“黄莺也爱新凉好，飞过青山影里啼。”（《新凉》）明代唐寅《题画》中的“爽人秋意”，和南朝王僧儒《秋日愁居答孔主簿》中的“首秋云物善”等，也都是说的初秋新凉。

在秋凉诗中最值得说的应是辛弃疾的《丑奴儿·书博山道中壁》：“少年不识愁滋味，爱上层楼。爱上层楼，为赋新词强说愁。而今识尽愁滋味，欲说还休。欲说还休，却道天凉好个秋。”原来，辛弃疾小时不知愁，却因赋诗硬写愁。等到他受到排斥不能带兵抗金救国,“而今识尽愁滋味”时,却“欲说还休”。即使最后说出来,却是句言不由衷、离题万里的“却道天凉好个秋”。他懂得了愁而不言愁,显然是为了避免政治上的更大迫害。但最终选择“却道天凉好个秋”,却是有着生活实践基础的。因为江西夏季长且苦热,一旦天凉入秋,人的舒适快活劲儿无法形容。

古人如此热爱美妙秋色,难怪宋代诗僧惠洪会想出如此绝妙的主意:“戏将秋色分斋钵”,他要将这可餐的秀色分给和尚大众们享受,只是不知道“抹月批风得饱无?”(《崇胜寺后,有竹千余竿,独一根秀出,人呼为竹尊者,因赋诗》)。“抹月批风”是古代文人表示家贫无食物以待客的戏言,即只好把这无边风月加工(细切叫“抹”,薄切叫“批”)当饭菜了。当然这是诗人的幽默,秀色如画饼,何能充饥?宋代大诗人兼大书法家黄庭坚非常欣赏这种幽默,“因手书此诗,故名以显”。

实际上,悲秋和秋兴这两类古诗词虽然思想情绪的方向正好相反,但却源于同一个秋季景物。例如引起秋愁和秋悲的秋季落叶和秋寒,实际上也是带来“天凉好个秋”和色彩斑斓的红叶美景的原因。因此我认为,同一景物引起完全不同的精神感受的主要原因在于人的心情不同。例如,晋代顾恺之说:“秋月扬明辉”,但唐代孟郊却说:“秋月颜色冰”;唐代杜牧把凉秋清风看作久违故人:“大热去酷吏,清风来故人”(《早秋》),意思是大热如酷吏之去,清风如故人之来;可是到了唐代孟浩然那里,却变成了“清风习习重凄凉”(《初秋》),即只要心情不好,就是习习清风也会加重凄凉。这也就是古代常有同一个诗人既有秋愁诗又有秋兴诗的原因。

所以,我认为,古代造字者把“秋”“心”合成“愁”,是确有道理的,但却又是不全面的。因为秋加上好心情,则反而成“兴”。即,至少犯了“只说其一,不说其二”的毛病,是不是呢?

古人怎咏气象中秋月

从唐代开始，我国中秋赏月活动就已经很盛行，后来更发展到祭月和拜月。我国传统节日中也以中秋节与气象条件的关系最为密切。归纳起来，古人中秋赏月诗词中大体有以下几方面内容。

首先是咏中秋月色和天气。例如苏轼在《念奴娇·中秋》中说："凭高眺远，见长空万里，云无留迹"。其他还有如"乾坤一片玉琉璃"（蒋捷）；"秋澄万景清"（刘禹锡）；"清光十万家"（邹祗谟）等。赵长卿主要说中秋天气，"已是天高气肃，那更清风洒洒，万里没纤云"。苏舜钦形容得更是出奇，"江平万顷正碧色，上下清澈双璧浮。自视直欲见筋脉，无所逃遁鱼龙忧。不疑身世在地上，只恐槎去触斗牛"。意思是说，长空大气一尘不染，江平波碧，天上明月，水面明月，双璧交相辉映。月光清澈得几乎可以看透自身上的筋脉，连水里的鱼龙也害怕被看得一清二楚，无处藏身。此情此景，使诗人忘记了一切，似乎自己已经乘上浮筏，扶摇直上，只恐与斗牛星相撞！

山东有座东岳泰山，海拔高达1500多米。清代盛符升有一年中秋登上了山顶，留下了《中秋岱顶即事》："身入云端云下垂，风雷南去日西驰。青霓断续斜阳外，碧海澄鲜子夜时。天柱独晴依上界，冰轮乍满半秋期。茫茫俯视皆尘雾，一片空明对玉池。"简单说来就是，泰山顶太高了，突出在云海之上，与天相依。午后雷雨云逐渐南去，天空还有虹霓出现。到了夜间，天空明月普照，四顾脚下云海茫茫。诗人在泰山顶上从下午开始，一直赏月到午夜，看到了地面上看不到的许多中秋奇异天气现象。

古代咏中秋月诗词中多有"月光寒"的描写。例如苏轼《念奴娇·中秋》中有"桂魄（月）飞来光射处，冷浸一天秋碧"。此外还有"暮云收尽溢清寒"（苏轼）；"拂拂渐上寒光流”（苏舜钦）等。古诗词中多称月亮为“冰轮”“广寒宫”等，也都有“月光寒”的意思。

苏轼有首著名的《水调歌头·明月几时有》，其中有“我欲乘风归去，又恐琼楼玉宇，高处不胜寒”之句。不过，此处的“归去”，却不是去天上，而是去人间的“天庭”——朝廷。但他一回忆起朝廷中的生死政治斗争便不寒而栗，这才是他“高处不胜寒”的真寒意所在。

但是，从气象学上说，月光是不生寒的，感到寒是因为气温低。中秋夜气温低有两个原因。一是北方冷空气频频南下（高气压控制下中秋夜才会晴朗）。二是晴夜地面（向宇宙空间）辐射失热十分强烈，地面低温导致大气低温所致。当然，苏轼当时一定不知道，中秋夜向阳月球表面温度可高达 180 ℃，但因月球上没有大气，一离开地面便是零下二百多摄氏度的宇宙空间低温，“冰火两重天”，那里他是想归也不可能“归去”的。

但是，“月有阴晴圆缺，此事古难全”。所以古诗词中也有许多咏无月的中秋夜。例如，清代德普的《中秋无月》：“谁道秋云薄，中宵掩桂轮（月）。”清末樊增祥的《中秋夜无月》则寄托了他对国家内忧外患的忧愁。当时（1905 年）列强正瓜分中国，清廷又极腐败：“亘古清光彻九州，只今烟雾锁琼楼。莫愁遮断山河影，照出山河影更愁。”

正因为常常中秋无月，古人们尤其珍爱重阴后突然出现的中秋月。例如，清代查慎行《中秋夜洞庭湖对月歌》中说：“长空霾云莽千里，云气蓬蓬天冒水。风收云散波乍平，倒转青天作湖底。”因为下午还是乌云莽莽，空气潮湿得似乎要冒水。但不久就云散天青，蓝天倒映湖面。因为诗中“初看落日沉波红，素月欲升天敛容”，就是说日落以前云开日出，月升起以前就已经晴好了。前述苏舜钦诗中描绘的中秋月就更可贵了：“可怜节物会人意，十日阴雨此夜收。不惟人间惜此月，天亦有意于中秋。”连阴十日，中秋夜放晴，老天真给面子。

不过，即使老天给面子，诗人们还是千叮万嘱要抓紧时间：“劝君莫惜登楼望，云放婵娟（月）不久长”（薛莹）。因为“唯恐雨师风伯意，到时还夺上楼天”（黄滔），即乌云随时可掩中秋月。

但是，如果明月到时就是千呼万唤不出来，怎么办？除了无奈，有些诗人很是天真。例如，朱淑真说：“何当拨去闲云雾，放出光辉万里清。”孔昭绶说：“月锁云端不放来，拟凭剑气一冲开。男儿手具回天力，洗尽秋痕照九垓（九州）。”就更天真长了。

中秋不见月，已够败兴，如果遇上中秋月食更是“晦气”。可是还偏有人咏，而且咏得饶有哲理：“秋半蟾光彻底清，妖蟆残夜蓦然生。匣开尘土蒙金镜，盘弄泥丸污水晶。自满定知多外侮，处高原忌太分明。广寒宫阙愁昏黑，斟酌姮娥秉烛行。”(清代余京《中秋月蚀》)其中前四句形容月食说，月亮好比匣中的金镜被蒙了尘，好比水晶为泥所污。接着两句说月喻人。第五句说月“满则亏”(满月才可能月食)，于人则“满招损”。第六句有位高不宜锋芒毕露的意思。诗中想象月食时广寒宫一片昏黑，估摸嫦娥不得不秉烛而行，也是很有趣的。

唐代有个宰相叫李峤，他有一首《中秋月》很是“特别”：“圆魄(月)上寒空，皆言四海同。安知千里外，不有雨兼风。”他指出当地虽有明月，但别地也许正风雨交加。

此诗是符合科学的，但此诗绝非写科学。事实上，有诗评家评论说，李峤在唐朝官场数十年，最高位至宰相，对武则天改唐为周，并非真心拥护，这首诗就是针对武则天的。因为武则天自己改名武曌，取“日月当空”之意。因此，用“中秋月”暗指武则天，也是很在理的。第一句中的“寒”其实也有使“天下寒心”的意思；第二句说表面上看四海拥护，其实当时全国起义此起彼伏。这就是“千里外雨兼风”的真正含义。

有趣的是，就在李峤之后，一个叫曹松的人，在他的《中秋对月》中却说：“直到天头天尽处，(月亮)不曾私照一人家。”那(用中秋月)表达的就是另一种相反的政治观点了。

“蜀犬吠月”

读者一定以为我把标题写错了，因为成语明明说“蜀犬吠日”么。

其实不是，我真以为蜀犬其实更应吠月。

“蜀犬吠日”成语出处可以追溯到唐代柳宗元的《答韦中立论师道书》。即这是柳宗元给韦中立的回信。信中说：“仆往闻庸、蜀之南，恒雨少日，日出则犬吠，余以为过言。前六七年，仆来南，二年冬，幸大雪逾岭，被南越中数州，数州之犬，皆苍黄吠噬、狂走者累日，至无雪乃已，然后始信前所闻者。”

他是说，以前听说蜀犬会吠日，他认为言过其实。但是六七年前他来到永州（今湖南零陵），第二年冬大雪，南越（同粤，指今两广）几个州的狗都狂奔吠雪，于是才信“蜀犬吠日”。其实，他是根据“粤犬吠雪”这个事实（因为那时他虽还没任柳州刺史，但当时永州豁区也包括今广西最北部地区），推出了“蜀犬吠日”的错误结论。因为四川盆地虽是我国日照最少的地区，但平均每年也有1000～1500小时的日照，即使最阴的川西雅安地区也有约800小时，雅安最阴的秋季平均每天也还有1.6小时的日照，绝不至于犬见了太阳就吠的。我去过四川多次，也问过许多四川人，他们都认为仅是夸张形容罢了。

“蜀犬吠月”是我推理出来的。因为四川盆地，特别是川西雅安地区，是我国云量和夜雨最多的地方。雅安秋季平均总云量高达9.2～9.3成（全天有云云量为10），夜雨率甚至超过80%，多到“巴山夜雨涨秋池”（李商隐）。夜间云雨既多，月亮自然比太阳更加难见，犬见到月亮自然理应更吠。

四川盆地秋月难见到什么程度？我们以中秋为例。20世纪80年代有文章统计了成都1951—1980年共30个中秋日天气，发现其中20年是夜雨，4年阴云无月，4

年云层稍裂、月光熹微，只有 2 年云净天高，皓月当空。我在 20 世纪 90 年代末统计了我国秋季最阴的“天漏”雅安 46 个中秋夜赏月（20 时）天气，雅安 20 时平均总云量甚至高达 9.6 成。这 46 年中 45 年皆无月，只有 1956 年中秋夜奇迹般地几乎无云，老天爷总算赏了雅安人一次脸。

可是，实际上，即使基本无云的沙漠地区，月亮本来就是比太阳难见的。为了简化，我们只分析朔（初一）、望（十五）、上弦（初七、初八）和下弦（二十三左右）4 天。朔日及其前后两三天里，月亮在天空被地球本身所遮，我们是看不见的；上弦日，日落时月亮正在中天，天亮时月亮落入地平线，也就是只有上半夜才能（在西半天空）见月；下弦日，午夜时分月亮从东方地平线升起（民歌所说“半个月亮爬上来”），月亮升到中天时天就亮了，也就是只有下半夜才能（在东半天空）见到月亮；只有望日及其前后两三天里，月亮整夜可见。所以如果以这 4 天平均粗略代表全月，那么我们大约只有一半时间能见到月亮，见到的平均面积是半个月面。以犬的见怪而吠的性格，见到这种出现机会既少，又形状、面积经常变化的月亮，岂非更要“蜀犬吠月”？

最后说到，既然“蜀犬吠日”不是事实，“蜀犬吠月”只是“事后诸葛亮”，那么当时为何没把符合事实的“粤犬吠雪”流传下来，反而把不符事实的“蜀犬吠日”流传了下来？因为“蜀犬吠日”和“粤犬吠雪”同出柳文，同时流传，甚至已经出现“蜀日越（粤）雪”新成语。根据我的粗考，问题主要可能出在明代的《幼学琼林》。《幼学琼林》在古代是极为广泛流传的蒙学读本，影响很大。它在选编形容“比人所见甚稀”的成语时，选了“蜀犬吠日”而没有选“粤犬吠雪”（文体所限只能选一），因而后人一般就多知道“蜀犬吠日”，而少知或不知“粤犬吠雪”了。

可见，这是历史的误会：柳宗元根据“粤犬吠雪”误推出了“蜀犬吠日”，《幼学琼林》的编者又误信了柳宗元而选择了“蜀犬吠日”。他们的错误都是因为缺乏调查研究。当然，话也要说回来，成语毕竟是文学，文学允许夸张。鲁迅先生在评论李白夸张形容的“燕山雪花大如席”时说过，（文学作品）“只要有些真实性在里面就可以了”（因为燕山确实有雪）。

我们对“蜀犬吠日”成语也应如此，因为四川盆地确实是我国日照最少的地方。而且，据我的看法，四川人身高较矮，其中日照少使骨骼发育缓慢，应该是个主要的原因。

“清风”无价

年年暑热，今又暑热。

大热天中，人们最喜欢的就是清风了，“清风徐来，炎暑顿消”么！因为风能把贴近皮肤表面的那层又热又湿的薄气层吹走，不仅直接带走了大量热量，更重要的是皮肤表面又能大量、迅速地蒸发汗液。因为夏季中人体主要就是靠汗液蒸发而散热降温的。

所以，无怪乎一旦大热而又无风，古代诗人们会渴望风至：“傍檐依壁待清风”。（刘兼《中夏昼卧》）如果风不来，诗人会想到借风：“坐将赤热忧天下，安得清风借我曹。”（王令《暑热思风》）如果借也借不到，有的诗人会想到买风。可是施肩吾说：“火天无处买清风。”（《夏日题方师院》）其实，即使有地方买，也买不起，因为韩琦说：“谁人敢议清风价？”（《北塘避暑》）即，清风无价。

唐代诗人杜牧则把暑天的清风视为久违的故人。有一年夏末他写了一首《早秋》，其中就有“大热去酷吏，清风来故人”两句。意思就是大热如酷吏之去，清风如故人之来。要知道，古人对故人是十分看重的。因为据记载，古人认为人生中最能称得上快事的有4件：“久旱逢甘霖，他乡遇故知（故人），洞房花烛夜，金榜题名时。”受够了南方夏季苦热的杜牧，竟把早到的清风视为久违的故人！

其实，人们心中最渴望的不仅仅是自然界夏日的清风，还有社会上的“清风”，即官员的廉政。因为古人常称廉洁奉公的官员为“两袖清风”。

“两袖清风”最早的出处已经无法考证。但有可能与宋代苏轼《前赤壁赋》中这一段话有关：“且夫天地之间，物各有主，苟非吾之所有，虽一毫而莫取。惟江上之清风，与山间之明月，……取之无禁，用之不竭。”因为据记载，古人衣少袋，主要靠袖中放“物”。既然连两袖中都是清风了，岂非已经“苟非吾之所有，虽一毫而莫取”乎？

不过，“两袖清风”大概要到元代才开始流行用来形容为官清廉。下面以明代的况钟（1383—1443年）和于谦（1398—1457年）为例。况钟是明代苏州知府，当他9年任期满，离任赴京时，苏州7县大批民众依依不舍，“七邑耆民饯送数百里弗绝”。他十分感动，吟了4首饯别诗。其中第二首是：“清风两袖朝天去（见皇帝），不带江南一寸棉（不拿一针一线）。惭愧士民相饯送，马前洒泪注如泉。”后来苏州万人联名上书朝廷乞请况钟留任苏州。朝廷准奏，并授况钟正三品按察使。后来况钟两次因病辞任都未获准，1443年末病死于任上。

但流传更广的可能还数于谦，因为有些成语典故书中常把于谦的故事作为成语“两袖清风”的出处。于谦时任兵部侍郎，他巡抚河南回京时，别人劝他弄大批贡品送给皇帝和朝中权贵。但他未带一物，并作《入京》诗一首：“绢帕蘑菇与线香，本资民用反为殃。清风两袖朝天去，免得闾阎（邻居，街坊）话短长。”诗中绢帕、蘑菇、线香都是民间特产，官吏常作为礼品带进京去。但于谦认为，这些东西本是供人民用的，只因官吏征调搜刮，反使人民遭殃。我进京什么都不带，以免老百姓们议论短长。

其实，前面提到的“谁人敢议清风价”的韩琦《北塘避暑》也是一首廉政诗。全诗是：“尽室林塘涤暑烦，旷然如不在尘寰。谁人敢议清风价？无乐能过百日闲。水鸟得鱼长自足，岭云含雨只空还。酒阑何物醒魂梦？万柄莲香一枕山。”

此诗乃韩琦晚年因为反对王安石变法被罢相贬守北京（今河北大名）时作。前两句说，他在北塘避暑舒服极了，宛然不是在大热尘世。当时俗士们大都借管弦之乐来消夏，他却以沐浴清风自娱，同样能过好百日夏季。第五、六句接着阐发人生哲理，即要像水鸟那样知足乐天，也要像岭云那样来去无心。第七、八句讲醒酒之后以什么清心提神？仍然不是物质享受而是“万柄莲香一枕山”！所以韩琦“谁人敢议清风价”中的“清风价”，实际上乃语义双关：荡涤自然界烦暑的清风固然无价；荡涤社会上污泥浊水的廉政“清风”，同样无价！

古人说霜乃天降

物理学中说，霜，是近地面大汽中的水汽在植物叶面等地物上凝华形成的。

但是，在我国二十四节气中，有个节气叫“霜降”，它的字面意思却是：霜是（从天上）降下来的。此外，古诗中出现霜时，确也常常是用“降”的。例如，“霜降碧天静”（宋，叶梦得）；“霜降夕流清”（唐，韦建）；汉代张衡《定情歌》中有“繁霜降兮草木零”之句。

也有许多诗中用“落”代降。例如，“霜落秋城木叶丹”（清，吕履恒）；“天街夜静霜初落”（清，沈源）；“霜落邗沟积水清”（宋，秦观）；“夜霜欲落气先清”（宋，张耒）；“五更霜落万家钟”（清，濮淙）；“霜落洞庭飞木叶”（元，萨都剌）；“霜落雁横空”（宋，陈师道），以及“霜落熊升树，林空鹿饮溪（霜降叶落后林中可以看到熊在爬树，鹿在饮水）”（宋，梅尧臣《鲁山山行》）等。

还有少数诗词中用“坠”“堕”和“下”的。例如，“白鹭下秋水，孤飞如坠霜”（唐，李白）；“边霜昨夜堕关榆”（唐，李益）；“明月堕烟霜着水”（清，厉鹗）；“目极江天远，秋霜下白苹（明，谢榛）”；以及“半天霜堕杵声急”（清，张元升），张元升还指明了霜是从“半空中”掉下来的。

此外，古代还用“雨”字作为动词来搭配霜。例如，“青枫叶赤天雨霜”（杜甫《寄韩谏议注》）；“十月北风天雨霜”（宋，吕本中）；“海风萧萧天雨霜”（唐，孟郊）等。有趣的是，有的诗人还生怕别人不知道霜是从天而降的（因为“霜降”也可以理解成霜“降临”，即是“临”而不是“降”），因此在降字后面还加了一个“沦”字（沉降的意思）：“微霜降而下沦兮，悼芳草之先蘦。”（屈原《远游》）

其实，这也并不奇怪，因为古人认为，霜是可以存在于空中的。既然存在空中，自然就有可能降落下来。例如,“月明如水满天霜”(周实《睹江北流民有感》);“塞雁一声霜满天”(萨都剌《题扬州驿》);“只有清霜冻太空”(杨万里《过扬子江二首·其一》);以及“疏星冻霜空”(揭傒斯《寒夜作》)等。

再说了,露和霜都是水汽凝结物,只是凝结时温度不同(零上为露,零下为霜)。而露是可以天降的,例如,唐代韦应物《咏露珠》中的“秋荷一滴露,清夜坠玄天”;唐代袁郊《露》中“湛湛腾空下碧霄”等。露可降,霜为什么不可降?

可是,上下五千年,有谁真正看到霜是晴夜中从天上降下来的呢?我相信古代肯定会有人守夜观测,可是却始终未见。于是他们肯定会想,既然霜不从天上降下来,也不能从地下冒出来(因为霜不发生在叶面下而只发生在叶面上),那肯定是从别处飞来的!

所以,我国古代一大批诗词中出现“飞霜”字样。例如,“近来数夜飞霜重”(唐,戎昱);“木落霜飞天地清”(唐,朱庆馀);“昨夜有飞霜”(宋,唐庚);“飞霜皎如雪”(唐,崔国辅);“八月霜飞柳半黄”(唐,卢汝弼);“灯前(号)角(声)断忽霜飞”(元,高启);以及“短帽飞霜满,空阶落叶深”(明,李延兴)等。唐代张若虚《春江花月夜》里的“空里流霜不觉飞,汀上白沙看不见”,更是找出了霜在空中飞时人们看不见的原因:在白色月光下,地面的白沙上,空中白霜当然都“看不见”了!

不过,问题并没有真正解决。因为如果说霜是从别处飞来的,那么是谁送它们来的呢?风?不是。因为古诗中凡出现霜字,总常有“静”字伴随。静则无风。而没有风,它们又怎能飞来呢?

因此,许多古人终于明白,霜就是在地物、叶面上凝结出现的。例如,晋代张协有诗说“凝霜竦高木”;清代方象瑛有“霜凝万壑丹”;清代赵执信有“霜凝疏树下残叶”;以及“江明初上月,地白已凝霜”(清,作者不详)等。唐代岑参“蒲海晓霜凝马尾”,明代袁中道“石冷霜欲结”,则是具体点明了霜凝结在了马尾和石头上。古代朝廷中设有御史,专门监察百官舞弊不轨行为,他们的奏本叫“霜简”。《文心雕龙·奏启》中有一句说“必使笔端振风,简上凝霜”,也是说霜是凝结到笔上、纸上的,而不是天降或飞来的。当然,古人们虽然可能还不明了凝霜的物理过程,但是我想,他们中肯定有一些人一定想到了:地面上的水干了,化成看不见的气跑到空中去了!那么空中的这些看不见的水汽会不会在另一种特殊条件下(例如低温)又聚集在一起变成了可以融化成水的霜了呢?实际上,霜既然不从天降,也不能飞来,也只有就地凝结这一途了。

总之，诗是文学，不是科学。例如，如果张继把他那首著名的《枫桥夜泊》中的“月落乌啼霜满天”，写成大白话“月落乌啼霜满地”，科学性倒是有了，但也不押韵了，那还叫“七绝”吗？我们今天还能读得到他的这首诗吗？而且，写诗最忌重复，讲究“语不惊人死不休”（杜甫语），如果出现霜时一律只许用“凝”或“凝结”，那叫他们还怎么写诗呀！

咏大雪古诗中的科学性问题

古诗中常常借用自然景物来表达诗人的所思所想，即寓情于景，否则，写诗就会变得很困难。宋代欧阳修《六一诗话》中说到一个故事，一个进士许洞会九个诗僧，出题时要求诗中不能出现以下任何一个字：山、水、风、云、竹、石、花、草、雪、霜、星、月、禽、鸟，于是诸僧皆搁笔，不干了。

由上可见，自然景物，特别是其中气象名词风、云、雪、霜等都是诗人常用之词。尤其是雪诗特别多，因为我国是大陆性季风气候，冬季特长且特冷，不仅北方多雪，南方除了华南沿海外雪也不少。唐代柳宗元亲眼所见的"粤犬吠雪"，就是说的广东一场大雪，铺天盖地，当地的狗从未见过，因而狂吠终日，直到雪化乃止。

古代雪诗中多有咏大雪的，其中大都用"鹅毛"来形容，唐代白居易尤多。例如，"大似落鹅毛，密如飘玉屑"（《春雪》）；"可怜（爱）今夜鹅毛雪"（《雪夜喜李郎中见访兼酬所赠》）；"雪似鹅毛飞散乱"（《酬令公雪中见赠讶不与梦得同相访》）；"鹅毛纷正堕"（《对火玩雪》）等。此外，还有唐代司空曙的"乐游春苑望鹅毛"（《雪》），以及元代马致远的"风吹羊角，雪剪鹅毛，飞六出（雪花六角）海山白，冻一壶，天地老"（《邯郸道省悟黄粱梦》）等。

此外，也有用蝴蝶形容大雪片的，这种大雪当然也不小。例如，清代袁枚的"室外乱飞蝴蝶影"（《咏雪》）；元代刘秉忠的"朔风瑞雪飘飘，……如飞柳絮，似舞蝴蝶，乱剪鹅毛"（《双调·蟾宫曲》）；以及金代长筌子的"头明六出（雪花）落人间，……柳絮随风蝶往还"（《鹧鸪天·冬》）等。此外，也有用比鹅毛、蝴蝶还大的人掌来形容雪花的。例如，清代钱谦益的"雪花似掌难遮眼"（《雪夜次刘敬仲韵》）；清代申涵光的"北风昨夜吹林莽，雪片朝飞大如掌"（《春雪歌》）；以及宋代石懋的"燕南雪花大于掌，冰柱悬檐一千丈”（《咏雪》）等。

但是咏大雪的诗中，李白有两首出手不凡，最为夸张。一首是描写晨起雪景的《清平乐·画堂晨起》，其中提到“应是天仙狂醉，乱把白云揉碎”。众所周知，白云之广，白云之厚，几乎无垠，所以即便揉碎，其个儿想必也不会小。

但李白咏大雪最著名的诗句，还是《北风行》中的“燕山雪花大如席，片片吹落轩辕台”。《北风行》是描写一位思妇，思念、担心她的远去北方的丈夫（实际上已战死），“念君长城苦寒良可哀”。诗中为了形容北方长城的苦寒，李白才用了“燕山雪花大如席”。但这著名的高度浪漫主义的诗句，却并不符合客观事实，因此历史上也多有批评。为此鲁迅先生在《漫谈“漫画”》一文中曾就夸张和真实的关系谈论说：“‘燕山雪花大如席’是夸张，但燕山究竟有雪花，就含着一点诚实在里面，使我们立刻知道，燕山原来有这么冷。如果说，广州雪花大如席，那可就变成笑话了。”即夸张的前提是真实，才可能具有感人的艺术效果。

但我在这里要说的是，从气象学角度说，鲁迅先生的说法是不正确的，而且是个“方向性”问题。即用“鹅毛”“席子”般的大雪来形容严寒是不对的。因为天气越严寒，大气中的水汽越少，就越不可能降大雪花。反而只能降粉雪，甚至晶状雪。这种雪很“干燥”，捏不成团，不能用来打雪仗。所以如果说，我国最冷的黑龙江北极村漠河，甚至西伯利亚隆冬能降鹅毛大雪，在科学上那也是笑话了。世界上最严寒的南极内陆，号称“杯中滴水，到地成冰”，但冬季中，即使整整下一天雪，降水量常也不足1毫米。美国南极点站，全年日降水量大于0.1毫米的日数平均有59天之多，但年平均降水总量只有10毫米，其量和我国最干旱的吐鲁番盆地中最少年降水量的托克逊差不多！

所以，如果说古诗中以上问题，在科学上属于“夸张失真”的话，那么另一类就是“纯属想象”了。可举两个例子。

一是唐代王维（王右丞）曾画过一幅画《袁安卧雪图》，图中有“雪中芭蕉”之景，而且他也写过“雪中芭蕉”诗。有人评说：“王右丞‘雪中芭蕉’，虽闽广有之，然右丞关中极寒之地，岂容有此耶……”（谢肇淛《文海披沙》）。因为《袁安卧雪图》描绘的是洛阳，而非岭南。从气象学说，能卧雪，必是大雪，洛阳大雪中有芭蕉挺立，再好诗也是“白璧有瑕”。

二是杜甫的《寄杨五桂州谭》，其中前四句是：“五岭皆炎热，宜人独桂林。梅花万里外，雪片一冬深。”诗是很美，可是从气象学说，却不是事实。我曾两次去过桂林，几十年的气象资料也证明，桂林气候与周围无异，夏季也十分炎热，并无“独宜人”之事。桂林冬季虽有雪，但是偶然，每年平均只有2.0个雪日（日降雪量0.1毫米或以上，即称为一个雪日），不少年份还无雪；而且因为桂林冬暖，一般不能形成积雪，平均每两年才勉强有1天地面有积雪。历史上最大一次积雪深度也只有3厘米（1975年12月13日）。总之，决无“雪片一冬深”之事。所以，现代诗评家评论杜老夫子不仅“诗兴所至”，而且“任手写去，竟不思量”。

我想，我们尊敬先贤，也尊重事实，无须为尊者讳的。

南稻北麦，南甜北咸，川湘爱辣

——中国气候对中国古代饮食文化的影响

《汉书》中说："民以食为天。"这是说饮食是人类生存的第一需要。《礼记》中又说："饮食男女，人之大欲存焉。"则是说，人的食欲和性欲一样都是人生大欲。既是大欲，我认为饮食不是填饱肚子就算，而要"美食"才能满足大欲。所以，以前有学者（戏）说，西方文化（指西方"性开放"时代）是男女文化，中国文化是饮食文化。

实际上，我国至少从周代开始就讲究饮食了。《周礼》中，把主管饮食的官员列为诸官之首，地位最高；《尚书·洪范》中，周代"八政"（八件国家大事）中第一件就是"食"，因为"食者，万物之始，人事之本也"（《尚书大传》）。

中国人过去见面打招呼时常问"吃饭了吗"，可见民间对饮食之重视。实际上，"吃"的用词已经广泛深入到了人们生活中的方方面面。例如，受了惊吓叫"吃惊"，费力气叫"吃力"，受了损失叫"吃亏"，拜访别人被拒叫"吃闭门羹"，被人诉讼到法院叫"吃官司"，干什么工作叫"吃什么饭"等，真堪称中国特有的"吃"文化了。

再如，古代以"社稷"代称国家。"社"是土神，"稷"是小米。因为在很早的古代，我国政治、经济和文化中心都在北方，主要农作物就是适应当地干旱、寒冷气候的小米。小米歉收，农民吃不饱社会就会不安定。可见国家也是以"食"为"天"的。

俗话说，"一方水土养一方人"。养，自然可以理解为饮食营养。因为，"一方水土"，特别是气候条件，既严格限制了食物的种类，又影响了人们的食欲、口味和爱好。而且，通过药食同源还诞生了我国特有的食疗和饮食养生。所以，中国的这方水土，自然会诞生特殊的中国饮食文化。

气候主要决定了当地食物的种类

在我国，气候对人们主食影响最大的可算是“南稻北麦、南米北面”了。因为大体在秦岭、淮河以南的南方地区，春雨、梅雨雨量丰富，非常适合种植需水多的水稻，因此南方历史上一直以大米及其制品为主食，例如米饭、年糕、米线、粽子、汤圆等。而秦岭、淮河以北的北方地区，春多旱而秋末土壤墒情尚好，因而历史上一直种植需水较少、秋播夏初收割的冬小麦。人们主要也以面粉制品，如馒头、面条、饺子、烙饼、包子等为主食。这正如清代李渔在《闲情偶寄》中说的“南人饭米，北人饭面，常也”。实际上，中医认为，面食性热，大米性凉，因而也是适合北寒南暖的气候特点，有利人体健康的。

而在内蒙古、西北地区和青藏高原地区，由于或气候干旱，或夏天过凉，不能生长农作物，当地主要放牧吃草的家畜，因此这些地区养成了以肉类、奶类为主食的饮食习俗。这也是生存的需要，因为肉类高脂肪、高蛋白、高热量，适应当地比较寒冷的气候。

当然，以肉为主食的饮食结构是不全面的。所以他们除了偶尔采集野菜、野果等以外，最主要用茶来解肉食的油腻和补充维生素。正所谓“下食者盐，而消食者茶也”。甚至“一日无茶则滞，三日无茶则病”。这就是我国古代汉族农区和西北少数民族牧区间著名的“茶马贸易”产生的原因。唐代文成公主入藏带去了茶，高原周边“茶马互市”从宋代开始就十分红火。云南、川西还有著名的“茶马古道”。

其实，水果的地域分布比粮食还要严格。热带和南亚热带水果椰子、芒果、菠萝、桂圆、荔枝、柚子、香蕉等最怕零度低温，因而只分布在华南和云南南部地区。柑橘、橙子和枇杷等亚热带水果能耐－7～－5 ℃轻寒，可以分布到秦岭、淮河以南和四川盆地等亚热带地区。秦岭、淮河以北的温带地区则盛产苹果、桃、李、杏、梨、柿子等温带水果。

南、北方蔬菜品种也有很大不同。北方过去没有温室，一冬都吃营养丰富的大白菜；但大白菜在南方却长不好。喜凉的北方土豆运到南方平原种植后也会很快退化。

南、北方经济作物也大不相同。以制糖原料为例，南方有喜温暖、湿润的亚热带甘蔗，北方则有喜温凉、长日照（夏季）的温带甜菜，即“南蔗北菜”。糖用甜菜主要分布在北纬40°以北地区，我国20世纪初才开始引进甜菜，北方居民习惯吃咸，故历史上素有“南甜北咸”之说。

国人多喜欢喝酒。有趣的是，酒精的含量也随纬度的增加而增加。据记载，华南多喝米酒类低度酒，根本不生产名优白酒；长江以南多喝中低度数的黄酒；过了长江，主要喝蒸馏白酒。北京二锅头酒精度为55度，北大荒高粱酒65度，新疆伊犁特曲70度，已接近医院消毒酒精的浓度了。显然其中有适应气候冷暖方面的重要原因。

但即使南、北方都能生长的作物，其品质也会有所不同。例如北方冬小麦的蛋白质含量高于南方，磨出的面粉耐嚼、口感好。再如北方大米，特别是东北大米口感也比南方为优。另一个典型的例子是新疆水果。新疆气候干旱，水果生长季节中日照多且强，热量丰富，昼夜温差大，研究指出，这些都是新疆水果糖分比东部地区高（平均高20%）的主要原因。因此只要水果引出新疆种植，糖分立刻下降；相反，东部水果引进新疆，糖分则有大幅提高。

冬冷夏热气候影响饮食习惯

据我的研究，我国是世界上人体感觉冬冷夏热最显著的地方。这种气候对饮食习惯有重大影响。

第一，冬冷夏热气候使冬、夏食物的品种、数量有明显季节变化，需要调剂。

北方冬季严寒，造成了过去冬季缺乏下饭的新鲜蔬菜，因此便产生了加工蔬菜存储到冬季食用的需要。加工办法主要有腌制、窖贮、晾晒、风干和冷冻等方法。下面以东北蔬菜为例。

东北是我国冬季中最严寒的地方，田野中什么东西都不长，一年之中有半年甚至更长的时间吃不到新鲜蔬菜，因此是我国最需要蔬菜季节调剂的地方。《奉天通志》中就记载了东北民间存储蔬菜的习俗，说当地民众“春暮煮豆为酱，贮之以瓮，四时烹饪必不可少之物也。初夏园蔬成熟，如春菘（俗曰‘小白菜’）、云豆、紫茄、黄瓜、葱、蒜、韭、土豆、倭瓜、豇豆之类，轮换煎食，可至初秋。及至秋末，车载秋菘（秋白菜）渍之瓮中，名曰‘酸菜’；择其肥硕者，藏于窖中，名曰‘黄叶白’。又将黄瓜、云豆、倭瓜之属细切成丝，曝之以干，束之成捆，名曰‘干菜’，以为御冬旨蓄，兼可食至来春。又以盐渍白菜、莱菔、黄瓜、豇豆、青椒等物于缸，曰‘咸菜’，为四时下饭必备之品”。有学者认为，正是因为北方人多吃用盐腌制的肉类、蔬菜等存储食物，因而久而久之助成了北方人重咸的饮食口味。

华北地区，直到改革开放以前，冬季的当家菜是窖贮大白菜。蔬菜贮存很讲技术，贮存温度高了会腐烂；不慎冰冻了会味同嚼蜡；室内存放的大白菜风干了也无法吃。居民一般挖1～2米深的地窖，在5 ℃左右的温度贮存。

西北地区和青藏高原上游牧民族以肉、奶为主食。鲜奶容易腐败变质，他们掌握了多种加工提炼的方法，得以较长期保存。以蒙古族奶制品为例，有奶油、奶皮子、奶酪、奶豆腐等。实际上，我国西北地区和青藏高原上，或因气候干旱，或因气温低，食物本是相对容易长期保存的。例如维吾尔族的馕（熟食）可以保存半月甚一个月之久，成为出门的方便干粮。

第二，冬冷夏热气候使国人冬、夏食欲、口味有很大不同。

冬季中，人的热量消耗很大，因此食欲好。人们多食高蛋白、高热量的动物性食物，特别是热性的羊肉、狗肉，吃法多用火锅。北方人用火锅涮羊肉，边放边吃鲜；南方火锅主要起煮熟和保温作用。除了火锅外，云南“过桥米线”和西安的“羊肉泡馍”另有有效的保温措施，即汤上都有一层厚厚的油，油蒸发慢，蒸发耗热便大大减少。

到了夏季，天气炎热，人们食欲大减。因此多爱好新鲜爽口、易消化的清淡食物，肉少而蔬菜多，汤也比较清淡。人们还喜欢西瓜、绿豆汤等清凉去火佳品。所以，在我国全年都比较高温的华南地区，流行的粤菜就有清、鲜、脆、嫩的特点。广州菜是粤菜的代表，因而素有“吃在广州”之说。

特殊气候诞生了我国独特的食疗和饮食养生文化

我国唐代名医孙思邈在《千金方》中指出：“夫为医者，当须先洞晓病源，知其所犯，以食治之，食疗不愈，然后命药。”也就是说，医生弄清病因之后，首先应用食物治疗，不行再用药攻。《周礼·天官》中记载了周代将医生分为"食医""疾医""疡医"和"兽医"。而"食医"级别最高。因为食物并无副作用，但"是药三分毒"。

为什么食物也能治病?

原来，从中医角度，食物和药物一样，也有"四气""五味"之分。"四气"即寒、凉、温、热，"五味"乃甘、酸、苦、辛、咸五种味道。中医认为，药食同源，药食同性，因而药食同效，所以食物也能治病。

例如，寒凉性的食物和寒凉性的药物一样，都具有清热、去火、解毒的作用，可以减轻或消除热症；而温热类食物则具有温阳、散寒作用，可以减轻或消除寒症。本文前面所说冬季吃羊肉、狗肉就是用来除去侵入人体之寒；而夏季吃西瓜、绿豆汤则是用来清除人体之热。一般来说，疾病初起或不太严重时，用食疗都可治好，或使之不发病。这也就是中医高明的"治未病"的思想。

中医认为，人体是个小天地，和自然界有密切联系。中医通过"五行学说"，把人体五脏和自然界联系起来，其中和食物有关的有"五味"和"五色"。简单来说，古人认为，色青味酸的食(药)物属木，入肝经系统；色红味苦的食(药)物属火，入心经系统；色黄味甘的食(药)物属土，入脾经系统；色白味辛的食(药)物属金，入肺经系统；色黑味咸的食(药)物属水，入肾经系统。中医治病就用这种理论指导用药和食疗，以治疗不同脏腑的疾病。

所以在我国，特别是诞生中医的黄河中下游地区，冬冷夏热、冬干夏湿，风、寒、暑、燥、湿、火"六气"种类齐全，且变化剧烈，因此在这里诞生世界独特的中医食疗文化，便是十分自然的事了。

湖南、四川爱辣原因的气象学讨论

本文最后一部分，说说有关"五味"之一的辛(辣)味。为什么我国川湘最爱辣?大家也许会感兴趣。当然，这也只是我的"一家之言"。

早先我曾听说"湖南人不怕辣，贵州人辣不怕，四川人怕不辣"。也就是说，我国这三个最爱吃辣的省份中，四川人吃辣水平最高。但是，2006 年见到有位湖南人写了一篇文章，叫《湖南人为何爱吃辣椒?》。他把上述我国最爱吃辣的 3 个省份的排序正好倒了过来，变成了湖南人吃辣水平最高，即“湖南人怕不辣”。文章引用了1999年统计，湖南省人均吃辣椒多达10千克/年以上。他还列举了湖南的许多“辣事”和“辣文化”，包括毛泽东主席对斯诺谈的“辣椒与革命”问题（另据我所知，20世纪60年代毛泽东主席和秘鲁哲学家门德斯共进晚餐时也谈过这些问题，不过他说的是，“四川人不怕辣，江西人辣不怕，湖南人怕不辣”，他说这3个省正是中国革命领袖出生最多的地方）。

为什么湖南人最爱吃辣？文中没有讨论，只是说，湖南是个高湿区，而辣椒性热，能祛风抗湿，发汗健胃。所以，冬季吃辣椒可以驱寒，夏季吃辣椒可以促使人体排汗，在闷热的环境中增添凉爽舒适感。我不知道我国这几个省吃辣水平究竟应该如何排名，但我从气候条件角度分析，确是有利于“湖南人最爱吃辣”结论的，因此我曾把该文收进了我主编的《气象新事》（科普出版社，2009）之中，介绍给读者。

在该文后的主编批注中，我讨论了他没有讨论的问题。我认为，湖南人最爱吃辣的主要原因，可能还是因为这3个省中以湖南最为冬冷夏热。因为，这3个省年平均相对湿度差不多，长沙80%，还没有成都82%高。但是3个城市冬冷夏热程度却有明显不同，以多年平均1月和7月气温为例，长沙、成都、贵阳分别为：4.7 ℃、29.3 ℃，5.5 ℃、25.6 ℃，4.9 ℃、24.4 ℃。显然长沙要比成都、贵阳都冬更冷、夏更热。在气候潮湿程度基本相同的情况下，冬越冷越需要吃辣驱寒，夏越热越需要吃辣出汗排湿。是不是这个道理呢？

但是，后来我很快发现，这样讨论也有问题，因为它只是高湿度的南方3个省之间的比较。如果放眼全国，又会有新的问题。例如，如果吃辣只是为了抗寒的话，那么东北是我国冬季最冷的地方，应当是全国最需吃辣的地方，实际上正相反，即东北恰恰反是不能吃辣的地方。例如2007年国家质检总局曾委托湖南有关单位制定《辣度国家标准》。在此标准（草案）中，如果说60度为“辣得开不了口”，那江浙沪一带大体耐辣25度，而东北人仅10度左右。

另一方面，如果川、黔、湘冬季吃辣主要是为抗湿的话，那么何以证明这里的“湿”比东北重得多呢？

在气象学里，空气湿度指标除了相对湿度（表示空气的相对干湿程度。干空气中的相对湿度为0%，饱和的湿空气，如云雾中为100%）外，还有个指标叫绝对湿度，表示大气中含水汽的重量，单位为“克/米^3”。所以，东北哈尔滨、长春、沈阳三地1月平均相对湿度(70%)虽比长沙、贵阳、成都三地平均值(80%)低得不算很多,但是空气中的实际水汽含量却低得很多,因为严寒空气中的水汽含量极少。哈尔滨、长春、沈阳的1月平均绝对湿度仅1.1～1.7克/米^3,而成都、贵阳、长沙则高达6.9～7.2克/米^3。

我曾去过一些高山气象站,例如山西五台山顶,海拔2896米。那里夏季都要生火炉、盖棉被,因为7月平均气温只有9.5℃。但是那里7月平均相对湿度为84%,因此7月平均绝对湿度高达10.0克/米^3！所以那里的气象员虽然都是当地山西人,但几乎都吃辣椒。据我两次访问,他们自己也说主要是“抗风湿”,不仅是为了驱寒。世界上墨西哥等国家确有关于用贴敷辣椒膏治风湿病、关节炎有较好疗效的许多报道。

实际上,中医认为,“风湿”“类风湿”属痹症,乃风、寒、湿三邪共同引起,没有湿则只能引起寒症。而在冬季低温情况下,我认为湿邪对人体痹症的影响主要决定于绝对湿度的大小。因为在低温(冬季)情况下,相对湿度即使变化很大,绝对湿度变化仍很小。所以,此时痹病病情主要取决于绝对湿度。

当然,用绝对湿度解释川、黔、湘爱辣也会有别的问题。例如,为什么冬季(甚至全年)中气温和绝对湿度都和川、湘相近的江、浙、沪地区,却不喜欢吃辣而喜甜呢?

实际上,读者都明白,影响人口味爱好的因素很多很复杂,不仅有自然界方面的物质因素,也有社会人文方面的非物质因素。气象条件只是自然界因素中比较重要的因素而已。

扬州四季假山

——我国唯一用假山反映鲜明四季变化的园林

中国园林中的主景是山水、建筑和花木。由于江南园林面积一般较小，因而“山”大都是由石堆砌而成的假山，这也是中国造园的独特传统。但扬州的个园（清代两淮盐总黄至筠的私宅）中用四季假山来反映我国鲜明四季，这种创意确实十分独特，是个孤例，受到广大园林艺术家的称赞，几乎每一本园林艺术专著里都会提到它。

春山：雨后春笋

春山设在园门入口内外两侧，表示“一年之计在于春”。园门外是主景区，园门

雨后春笋

外道路两侧各是一个近方形大花坛。花坛内数十竿修竹凌云直上，竹丛中植若干峰笋石，高低参差，似新笋先后破土。春山乃取“雨后春笋”之意。

当然，春山区面积不大，游人最多只要十几步，“春天”就过去了。但这恰似暗示“美好春光，稍纵即逝”，即含“惜春”之意。

园门墙后是“十二生肖闹春图”，进一步渲染春的气息。其生肖兽石个个惟妙惟肖。

夏山：夏云多奇峰

走过“十二生肖闹春图”，迎面而来的就是个园中的中心建筑宜雨轩，宜雨轩的西侧便是夏山区。夏山乃由太湖石堆成的许多塔形直立山峰组成，峰的顶部凸圆，状如夏季天上的浓积云，即取其意为“夏云多奇峰”（陶渊明《四时》）。

夏山之前有一个深池，池西岸有一象形蛙石，取“黄梅时节家家雨，青草池塘处处蛙”（南宋，赵师秀《约客》）之意（据记载，扬州徐园“春草池塘吟榭”景点的蛙声过去还曾像“千军呐喊”）。池塘前有几株巨大的广玉兰，是全园最高的树木。树下浓荫匝地，让人顿生“大树底下好乘凉”的快意。个园夏山中还有一个清凉去处，是山中的洞穴，其中可坐可卧，夏日入内，暑汗尽消。

夏山区

秋山：黄石丹枫，明净如妆

秋山在夏山之东，由有棱有角的黄石堆成。每当夕阳西下，映照得黄石山体上下一片橙黄，呈现金秋绚丽色彩，取“秋山明净而如妆”（宋，郭熙《山川训》）之意。

秋山主峰高9米，气势磅礴，是全园制高点。主峰上置拂云亭，取“高可拂云”“秋日登高”之意。秋山植物以枫为最多，黄石丹枫倍增秋意。站在拂云亭上看夏山，座座山峰浑圆顶部就好像一朵朵浓积云，组成了一片“云海”。因此，据记载，夏山还有个奇怪名称，“秋云”。

秋山南峰上有个“住秋阁”，阁前有一株终年皆红的枫树，暗示秋天常驻之意。这与一般人“春常驻”的愿望不同。原来是，园主人青年坎坷，中年事业才获成功，他希望事业常驻于丰收的秋季。

冬山：群狮舞雪图

冬山在秋山之南，全以白色宣石堆成。宣石主要成分是石英，阳光下似雪，熠熠发光；背光下皑皑露白，好似积雪未消。宣石石块多浑圆团曲，因此冬山设计得远远望去犹如许多雪狮子若蹲若伏、若立若舞，因此冬山也被称作“群狮舞雪图”。山前地面全用白帆石按冰裂纹状铺成，更增寒冬景象。冬山中配植天竺、腊梅，使冬山中常有暗香浮动。

冬山背后（南侧）是一座高墙。有趣的是，墙上有4排共24个直径为1尺[①]、均匀分布的圆洞，人称风音洞。每有稍大北风，通过风音洞时由于狭管效应风速增大，就会发出“寒风”呼啸的声音。真是别具匠心。

---

① 1尺≈0.33米，下同。

四季假山奇妙的时空变化感觉

实际上，四季假山的欣赏价值，并不止于四季假山本身。

第一，在四季之末冬山区的西墙上，开了两个圆形的漏窗。通过漏窗，可以看见墙东“雨后春笋”的春景。这很易使人感到冬尽春来，一年四季周而复始。游园一周，如历一年。所以才有人说，园中方半日，山中已一“年”。原来，春、夏、秋、冬四山，基本上是按顺时针排列、围绕宜雨轩呈圆形分布的。更有趣的是，设计者还特意在冬山漏窗前，放置了一个蹲踞状石狮，探头眺望隔墙的春景。因此，此景也被称作“石狮探春”。

第二，在夏山和秋山之间，用一幢楼相连接。该楼如同把两山抱在怀里，因而称为“抱山楼”。该楼是全园体量最大的建筑，从楼上和楼下的走廊都可从夏山走到秋山。因此，这条走廊虽然只有40.8米长，但却被称为世界上最长的廊，因为要从“夏”走到“秋”。但也有人把这条可以从夏天走到秋天的廊称为“时空隧道”。

第三，宜雨轩是个园的中心建筑，其四周都是玻璃窗。春山、夏山、秋山和冬山大体环绕宜雨轩的四周，所以说“人在厅中坐，景从四边来”。春、夏、秋、冬竞一起隔窗涌到眼前，好似“四季”不再更迭，时间停止脚步。如果在轩周环廊中散步，又好像不断穿越季节时空，有一种神奇有趣的感觉。

正因四季假山的立意如此奇妙，代表中国在美国建立的国家级园林项目“中国园”(位于占地5公顷的华盛顿美国国家树木园)中，就有个园的四季假山。

异事惊倒百岁翁

——从气象学论证苏轼《登州海市》并非造假

大文豪苏轼一生诗词无数，其中有一首著名的《登州海市》，是记载他到登州（今山东蓬莱）上任5天，得见当地著名而又难得一见的蜃景（俗称海市蜃楼）的经过。今全录该诗如下：

登州海市（并叙）

予闻登州海市旧矣。父老云："尝出于春夏，今岁晚不复见矣。"予到官五日而去，以不见为恨，祷于海神广德王之庙，明日见焉，乃作此诗。

东方云海空复空，群仙出没空明中。
荡摇浮世生万象，岂有贝阙藏珠宫。
心知所见皆幻影，敢以耳目烦神工。
岁寒水冷天地闭，为我起蛰鞭鱼龙。
重楼翠阜出霜晓，异事惊倒百岁翁。
人间所得容力取，世外无物谁为雄？
率然有请不我拒，信我人厄非天穷。
潮阳太守南迁归，喜见石廪堆祝融。
自言正直动山鬼，岂知造物哀龙钟。
伸眉一笑岂易得，神之报汝亦已丰。
斜阳万里孤岛没，但见碧海磨青铜。
新诗绮语亦安用？相与变灭随东风。

但是历史上对这首诗的真实性，即苏轼是否真的见到了海市颇多质疑。焦点主要有三：一是登州的蜃景很难见到，常常几年都不见一次，而苏轼到此仅5天就见到；二是登州的蜃景一般出现在春夏之交的五六月，而苏轼到任已是阴历十月二十日的初冬季节；三是全诗24句，但其中描写蜃景的只有“重楼翠阜出霜晓”一句，是否苏轼怕说多了露马脚？

登州的蜃景，在现代气象学中称为上现蜃景。它的出现，是因为春末夏初海水因比热大而尚凉，从陆地进入海上的气流已可以较暖，在这种下冷上暖的大气温度层结下，光线在通过密度下大上小的大气时发生弯曲，使远处本在海平面下的景物被抬升到海平面上而变成可见。由于这种蜃景中常常有“楼”有“市”，因此过去才称为海市蜃楼。“蜃”就是大蛤。可见古人已经明白，蜃景是一种光学幻影，只不过他们认为这种幻景是由大蛤吐出来的罢了。

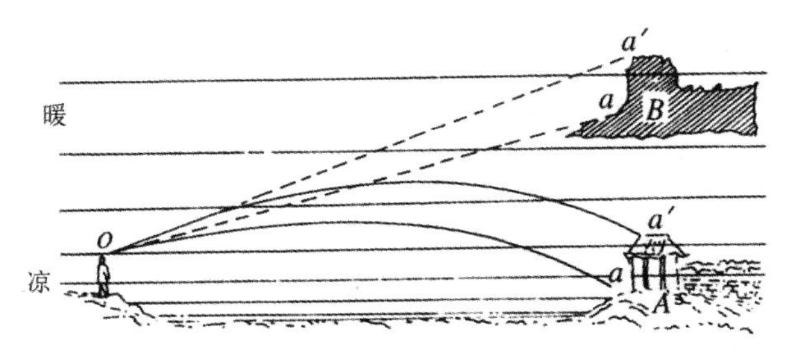

上现蜃景原理示意图

但很多人支持苏轼，认为苏轼为人正派，诗词创作态度严肃认真，不可能在这一件不大的事上弄虚作假，败坏一世英名。有人还指出，如果苏轼作的是假诗，当地父老也不会为他建苏公祠，并在祠中把他的诗刻在石碑上，保存千年的。有文还介绍，苏轼后来还专门把此诗抄寄给同乡诗友王庆源，并请他转呈史三儒长老，而且特别加以说明。如果此系假诗，苏轼似就真不值得那么做了。

今人也多有支持苏轼的，例如文学家周振甫先生。他认为：“原来海市(即蜃景)常见于春、夏，景象最美。到岁晚时出现海市大为逊色，所看到的只有‘重楼翠阜’。所以只用一句来写，这正是写实。”

气象学家王鹏飞先生指出，古代冬季出现蜃景远非个例。例如清代何凌汉曾两次到登州欲见海市都未成。后来，有一次地方官员因冬季祈雪成功，置酒蓬莱阁庆贺时意外出现了海市，他当即写下《登蓬莱阁》记载此事。王鹏飞先生还指出清代黄宗羲于康熙八年(1669年)冬,在浙江慈溪达蓬山也观看到了海市,并作了《海市赋》。王鹏飞先生的文章指出,即使冰天雪地的北冰洋瓦罐岛上,也有多次见到蜃景的科学记载。

但是,以上支持苏轼的论点,几乎都不是从正面、从科学角度论证的。而本文则是恰恰从气象学角度,论证初冬季节中也不是不可能出现蜃景的。我则指出,苏轼的诗中实际上已经存有可能出现蜃景的气象学证据。下面提出来供大家参考研究。

我认为,初冬海水已相当寒冷,而寒冷海水正是形成上现蜃景的两大必要条件之一,只是秋、冬季中缺乏南方来的暖空气活动而已。因此一旦大气环流异常,有特别强劲的暖空气,出现蜃景便并非不可能。

登州地区恰恰有这样的条件。因为它东邻黄海,而黄海秋、冬季中比内陆温暖得多。例如,黄海上1月平均气温比蓬莱地区高出3～4 ℃之多。因此每当秋、冬季大陆强冷高压由西向东入海,只要它的位置、强度和移动速度合适,高压南侧的登州地区就会出现从黄海上西来的温暖偏东风气流。例如,1949年后山东半岛北岸就曾出现过10米/秒的强偏东风。较为稳定、持久的东风一旦减弱甚至骤停,便有可能产生蜃景。上述何凌汉的《登蓬莱阁》中"忽然岛屿生台榭,微风净敛波涛雄(风已平而浪未静)"说的正是这种情况。

因为有风会引起海面上空气上下垂直混合,减小垂直温差,从而使蜃景不出现。而没有强的暖气流又不可能造成足够的上下温差。因此这是个矛盾,只有在持续暖风刚停的一段时间内才有可能两者都得到满足。也许这就是秋、冬季节极少能出现蜃景的主要原因。

所以,我认为,全诗最末句"相与变灭随东风"正是藏在诗中的这次蜃景真实性的科学证据。因为苏轼很珍视此事,他那一天是从早("出霜晓")一直看到傍晚("斜阳万里")的,中间蜃景还随东风强弱而生消不止一次。所以"相与变灭随东风"是他一整天观察蜃景出现规律的科学总结。而且,如果苏轼没有看到海市,也是不必留"霜晓""斜阳""东风"这些"授人以柄"的。

过去之所以没有引起气象学家的注意,我认为可能主要是因为前面有一句"新诗绮语亦安用"。其意思是,即使见到了蜃景,写出了好诗,也是没有用的。他的命运还是会和蜃景一样,"相与变灭随东风"!其实他是一语双关,既指人事,又指自然。因为若单讲人事(与蜃景无关),这两句诗的意义和水平便大大降低。也难解释他的人生为什么单单和“东风”联系。

但是，王鹏飞先生认为这次蜃景的成因是由晴夜中陆风气流(海陆间地方性风系)，在日出后因底层变暖，然后流到海面上所造成的(此时风向应偏南，而不是东风)。所以他认为“相与变灭随东风”是虚写(即与东风无关)。我都是不赞成的。

因为海陆风乃是常见的天气现象，日出后地面和底层大气升温也是物理规律，都是常事，可是蜃景却是难得一见。而且此说只能解释清晨和夜间的蜃景(因为白天是海风而非陆风)，而海市恰恰都是在白天出现的。

至于苏轼诗中的蜃景描述只有“重楼翠阜出霜晓”一句的原因，我也并不赞成周振甫先生的分析。因为从气象学角度看，蜃景并非固定地域的高保真实景连续转播，也不会有规则的季节变化，任何地点、季节，只要气象条件符合，就会出现。出现的蜃景图像的真实度和清晰度，也主要决定于当时的气象条件。

实际上，我认为，“重楼翠阜出霜晓”是他所见蜃景中印象最深的一部分。他抓的是主要矛盾(“重楼翠阜”就是蜃景主要表现)。因为，苏轼写诗形容景物，往往着墨并不多。最著名的例子莫过于他形容西湖之美，只用了“欲把西湖比西子，淡妆浓抹总相宜”两句。目的是引发读者自己去想象西湖如何之美。因为诗的篇幅有限，而人的想象力是无穷的。《登州海市》诗中，在“重楼翠阜出霜晓”后，有一句“异事惊倒百岁翁”。异事究竟如何“异”法，由读者自己去驰骋想象。不是也有和“欲把西湖比西子”异曲同工之妙吗？

从气象学角度评说古代二十四节气

二十四节气文化是中国传统文化中的重要组成部分，是世界上特有的一种文化。它的主要贡献是给古代农民提供了阳历，即二十四节气的日期。因为古代没有阳历，只有阴历。而农作物的生、长、收、藏，农事安排，都只和阳历有关，而和阴历的月亮盈亏、潮涨潮落是没有任何关系的。所以，在古代历史上，二十四节气为古人解决温饱问题做出了巨大贡献。我认为其作用超过了“四大发明”。2016 年 11 月 30 日，二十四节气已正式列入联合国教科文组织的人类非物质文化遗产名录。但是，约 2200 年后的今天，从气象学角度我们应该如何历史性地看待二十四节气呢？

汉语“气候”源自二十四节气

如果研究中西方“气候”一词的含义和来源，就会发现两者大不相同。古希腊语中“气候”乃是阳光倾斜程度的意思。低纬度阳光倾斜度小，太阳在天顶，热量丰富，气候就热；高纬度阳光倾斜度大，太阳在地平线上不高的地方，阳光热力弱，气候就冷。后人进一步据此把世界分为热带（太阳光倾斜度最小）、2 个温带（倾斜度居中）和 2 个寒带（倾斜度最大），即 5 个气候带（温带和寒带均南、北半球各一）。天文学家托勒枚（C. Ptolemy，85—165 年）更是根据最长日照时数，以半小时为间隔，把赤道到北纬 62°之间的区域划分为 24 个天文气候带。第一带在赤道附近，宽 8.5 个纬度，第 24 个带在北纬 62°附近，宽度只有 1/3 个纬度。当然，由于这种气候带是根据天文学划分的，因此各带宽度虽有不同，但却都是平行于纬圈的。而实际上，即使西欧等温线分布较平直，也不可能完全平行于纬圈，因此天文气候带也只是大体符合当地气候的实际状况。

在中国，历史上从没有人这样来划分气候带。这绝不是偶然的，因为我国的等温线更加不平行于纬圈，其中主要有地形高度和大气环流两方面原因。例如由于我国地势西高东低，夏季中西寒而东热，东西之间的温差比南北方向还大；冬季中，由于亚洲高纬度地区西暖而东冷，南下的冷空气也使我国气温分布东冷而西暖，干扰了气温的纬向分布。只不过因为海拔高度的影响使这种规律不易被发现罢了。我们只需举个同海拔高度对比例子便可明白。在北纬49°附近，大兴安岭西坡的海拉尔(海拔613米)，1月平均气温−26.8 ℃，而同纬度新疆阿勒泰(海拔736米)，虽海拔高度比海拉尔还高123米，可1月平均气温−17.0 ℃，比海拉尔高9.8 ℃之多，这不是个小数。

我国“气候”一词主要是从二十四节气和七十二候而来的。例如《黄帝内经·素问·六节藏象论》中说：“五日谓之候，三候谓之气(即15天为一个节气)，六气谓之时，四时谓之岁。”《礼记·月令》的一个注释中就已经把“气候”两字连了起来：“昔周公作时制，定二十四节气，分七十二候，则气候之起。”我国《辞海》和《汉语大辞典》中的“气候”条目，第一条解释都是“一年的二十四节气和七十二候”。中国“气候”的起源并不像欧洲源自气候带的空间分布，而是起源于中华文明发祥地的黄河流域的时间变化，是因为我国农业生产实际的迫切需要。

二十四节气对中国古代的重要性超过“四大发明”

由于我国盛行冬冷夏热的大陆性季风气候，春、秋本已短促，且春、秋季中因北方冷空气频频南下而多霜冻，使农作物的安全生长期缩短，农业生产节奏被迫加快。例如播种，如果天暖播早了，早茬幼苗可能会受到春霜冻害；反之，如果因怕春霜而播晚了，晚茬作物到秋天还没有成熟就可能受到秋霜冻害。常常“人误地一时，地误人一年”。我称这种抢种、抢管、抢收的农业为“快节奏农业”。而我国，特别是黄河中下游地区正是古代世界上有农业地区农业生产节奏最快的农业地区。西伯利亚虽气候节奏全世界最快，但那里春、秋季气温多在零下，夏季温而不热，古代几乎无农业。

所以,我国古代农业生产十分注意农时。例如我国古代最早的农书《氾胜之书·耕作篇》一开头就说:“凡耕之本,在于趣时。”“趣时”就是掌握好农时的意思。“农”的繁体字“農”中的“辰”字,正是“时”的意思。

但是,掌握农时应该根据阳历。而我国古代用的却是阴历,月亮的朔望圆缺和农作物的春种秋收毫无关系。于是古人便只得靠看天上行星在恒星间的位置来确定农事季节,既困难,又不准确。所以我国早在汉武帝太初元年(公元前104年)颁行的太初历中就已经把根据太阳在黄道上运行位置而定的,即阳历性质的二十四节气日期编了进去。因此,已故中国科学院副院长竺可桢先生的文章中说:“秦汉以后有了节气月令,例如‘清明下种,谷雨插秧’,老百姓就无须再仰观天文了。”

所以,中国古人正是依靠二十四节气和七十二候,指导我国的快节奏农业生产,保证了基本收成,解决了吃饭和穿衣问题,中华民族才得以繁衍生息,兴旺发达。从这个意义上说,二十四节气对我国的功绩毫不亚于甚至超过了“四大发明”。我过去称它为“第五大发明”,还是说低了。因为,如果没有二十四节气,人们吃不饱饭,“四大发明”可能会推迟,还可能会进一步推迟世界文明发展的进程。

二十四节气发明的功绩和意义,不可谓不伟大。

节气名称和排序存在许多不符气候实际的问题

世界上任何事情都是发展的,两千多年前发明的二十四节气肯定也会有它自己的局限。我这里把它归纳为四个问题。

二十四节气与生俱来就有缺点

实际上,古代农民种地也并非仅遵循二十四节气就能完全解决问题。因为,二十四节气每年出现的时间基本上是固定的,但是由于我国盛行大陆性季风气候,逐年之间天气的冷暖差异却很大,所以,如果每年都按固定的节气日期种地,异常天气年份的收成就会很差。

为此,古代常用以下两个办法加以补救。

第一种叫物候法。由于动植物和农作物都同在大自然中生长,两者的物候变化基本是同步的，因此用物候法补充指导耕作，丰收的可靠性就会更大。例如，“枣芽发，种棉花”“楝花开，割大麦”……多么方便、实用。中国科学院地理所曾研究在东北地区用兴安落叶松叶芽开放和杏花开放作为播种玉米的物候指标，可使玉米增产60%～67%。

第二种叫分期播种法。因为这样总有多数田块因播种比较适时而高产，可保证一定收成。这就是后魏时期《齐民要术》中所说的：“凡田，欲早晚相杂（不同播种期）防岁道有所不宜。”

“四立”节气名称大都名不副实：立春仍大寒，立秋“秋老虎”

2003年，国家邮政局曾设计、发行了一套我国张数最多的（共12张）《二十四节气特种邮资明信片》（发行20余万套）[①]。我受邀撰写其中的文字说明，为了具体介绍二十四节气诞生地黄河中下游地区二十四节气中的气候特点，专门统计了安阳、洛阳、西安和开封四大古都二十四个节气（每个节气约15天）的平均气温（因为仅交节时刻或交节当日的气温并无农业、气候意义，只有天文学意义），作为该流域的代表（实际上因为四地纬度、海拔和距离都相差不远，因此气候差异也不大）。结果发现，黄河中下游四季开始日期（立春、立夏、立秋、立冬）的名称大多和实际气候不符。

四大古都立春节气15天的平均气温为1.4 ℃，离我国现行的5天平均气温大于10 ℃的春季标准相去甚远。实际上当地自然界也仍是大地枯黄树枝光秃的寒冬景象。立春节气当天（立春始日）更是多“滴水成冰”的严寒天气。实际上，因为立春始日紧接大寒终日，自然界一日之内也根本不可能发生如此快速的变化。

立秋节气四大古都15天平均气温高达26.0 ℃，立秋日甚至尚在三伏之内，离入秋标准（5天平均气温小于22.0 ℃）较远。不少年份甚至热得与盛夏无异，所以民间素有“秋老虎”的说法。

立夏节气也有类似问题，即立夏而尚未入夏。立夏始日几乎仍是仲春天气。只

---

① 我国国家邮政局曾两次发行系列二十四节气纪念邮品。第一次是2003年发行的《二十四节气特种邮资明信片》，共12张，张数是1949年以来最多的（过去最多6张）。每张2个节气。第二次是2015—2019年分4次发行，共24张的《二十四节气首日封》。即2015年、2016年、2018年和2019年，分别各6个首日封。由于首日封上邮票形状略呈上宽下窄的扇形，因此到2019年发行完毕时，24张首日封邮票正好能拼成一个大圆形。而2019年正好是建国70周年大庆，取大团结、大团圆吉祥之意。我都是这两次邮品的文字作者。

有立冬节气平均气温 7.4 ℃，尚符合当地气候实际。

究其原因，主要是因为二十四节气乃根据天文学中太阳在其黄道上的位置等间距划分，四季等长，每季 3 个月。而黄河中下游地区实际气候则冬、夏特长而春、秋短。所以据天文学划定的“四立”节气，与用气象学划定的当地实际季节出现不符，乃是必然的事。但 2000 年前人们确实也没有别的指标或办法进行四季和二十四节气的划分。

节气排序中存在的主要问题：小寒寒比大寒寒，小雪雪比大雪大

例一，小暑、大暑和小寒、大寒。从字面上看，大寒、大暑应该分别是一年中天气最热或最冷的节气，但其实，这两组内两个节气间的温差并不大。四大古都大暑节气平均气温为 27.4 ℃，只比小暑的 27.1 ℃高 0.3 ℃，且大暑节气中的最高气温高于 35 ℃的高温日数甚至比夏至和小暑节气少得多；小寒节气平均气温为－1.0 ℃，比大寒的－0.3 ℃还低 0.7 ℃，这是因为一年中黄河中下游最冷的时期是 1 月中旬及前后几天（俗话说“冷在三九”，“三九”正在小寒节气之内），而大寒节气中前期虽冷，但后期因已跨进 2 月上旬，此时太阳高度开始迅速升高，气温走出低谷，节气平均气温便冷不过小寒了。

例二，小雪和大雪。这两个节气的排序，基本是倒过来了。因为大雪节气（15 天）中，仅仅因气温低而降雪日数比小雪节气略多，但也多不到 1 天，而节气总降水量则小得多。四大古都大雪节气的平均降水量只有小雪节气的一半，即大雪节气实际降的多是小雪，所以有谚语甚至说：“小雪节到下大雪，大雪节到没了（大）雪。”

我曾利用北京过去 69 年的资料，对含大雪节气的 12 月份和含小雪节气的 11 月份的积雪资料进行过研究。结果是，北京历史上出现大雪（标准是雪后积雪深度超过 8 厘米）的日数，69 年中毫无例外地都是 11 月比 12 月多。

究其原因，主要是小雪节气时间在前，平均气温比大雪高（四大古都小雪、大雪两节气平均气温分别为 3.6 ℃和 1.3 ℃）。而气温高则大气中的水汽含量多，因此小雪节气降雪量才有可能比大雪节气更大。我还进一步发现，在北京以北的许多冬季严寒地区，最大降雪量不仅 11 月大于 12 月，而且甚至 10 月大于 11 月。

同样道理，我国黄河中下游及以北地区，2 月和 3 月的最大降雪量也都比最严寒

的隆冬 1 月为大。例如北京 69 年历史中两次最大降雪量（雪后雪深都为 24 厘米），也都正是发生在 2 月下旬。

所以，前冬和后冬的最大降雪量比隆冬大，小雪节气雪比大雪节气大，这是一种气候规律，很少例外。

例三，雨水和惊蛰。雨水节气取名原因，大体一是说降水量增加了；另一是说降水形态不再是雪而是雨了。其实，黄河中下游地区平均初雨日期是在立春而非雨水节气；雨水节气平均降水量也只不过从立春节气的 5 毫米左右增加到 5～10 毫米，气温又多在零下，所以对农作物的意义并不大。

古代对惊蛰节气的解释是，雷声惊醒了地下冬眠蛰伏的动物，使其出来活动。例如《月令七十二候集解》说："二月节……万物出乎震，震为雷，故曰惊蛰，是蛰虫惊而出走矣。"所以这个节气名称也是基本不符合事实的。因为黄河中下游地区平均初雷日期是在 4 月下旬，比惊蛰初日要晚 45 天左右。

实际上，据记载，地下蛰居的动物，在地下 10 厘米深度温度升到 6～10 ℃时开始出土活动。而黄河中下游地区达到这个温度大体就在惊蛰节气。所以，如果把地下蛰虫由"雷惊醒"改为由"热惊醒"，那就对了。因为蛰虫体温一旦升高，新陈代谢增强，它就必须出洞找食吃了。

惊蛰原来叫启蛰，只是为了避汉景帝刘启的讳才改的。而且历史上惊蛰和雨水节气名曾长期倒置，直至《宋史》才又固定为雨水在前，惊蛰在后。实际上，因为这两个节气雨水均不多，平均初雷均未开始，所以节气名互换也就没有什么问题。

清明和谷雨节气也有类似情况，历史上位置也曾互换。主要是因为华北地区"十年九春旱"，而这两个节气雨水都不多，天气也都清明，因此这两个节气名互换也没有什么问题。

例四，立秋和处暑。处暑是暑热结束之意。确实，黄河中下游地区，在处暑节气中凉风开始南下，人们开始感到秋高气爽，尽管在现代气象学意义上的秋季要到下一个节气白露才开始。但是，处暑位于立秋之后，则是二十四节气排序中的又一个问题。因为，既已立了秋，何来暑？既无暑，又何来处暑？可见立秋并未真"立秋"（天文学划分而已）。实际上，"四立"的日期既已经严格规定相距 3 个月，因此立秋节气和上述立春一样，都是不可能往后放的。所以，先立秋，后处暑，这是无奈，当然也是问题。

上述二十四节气存在的名实和排序问题，会给我们造成一些误解和麻烦。

例如，每逢立春节气，电台、电视台主持人在讲了立春就是“春天到了”后，几乎都还要不厌其烦地解释说，真正的、气象学意义上的春天实际上还没有到来……因为窗外大自然确实仍是严冬。其他如雨水、惊蛰等节气也有类似问题。不过这倒还只是主持人费些口舌罢了，而有些情况则会造成社会上的麻烦，例如“贴秋膘”问题。

近些年来，每逢立秋节气当日，媒体上都会有“大快朵颐贴秋膘”一类标题的文章。说的是经过一个夏天的消耗，身体虚了，要在立秋日进补吃肉。其实这也是因为对节气名的误解，以为立秋日就是秋天的真正开始。其实立秋日紧接大暑节气，凉秋怎能无过渡就紧接大热？在这样大热天进补大鱼大肉，一般很易消化不良，化湿生痰，没病找病。所以，难怪连国药同仁堂也曾在 2011 年 8 月 10 日《北京晚报》上大呼“贴秋膘应适可而止”。

二十四节气没能像“四大发明”那样推广到全世界

二十四节气既然是为了指导我国这种特殊的快节奏农业而诞生的，适用的区域自然主要局限在诞生地黄河中下游地区。离开当地越远，就会和实际气候发生越来越大的偏差。如果说，附近地区还可修改使用（例如，黄河中下游河南、山东一带种冬小麦是“秋分早，霜降迟，寒露种麦最当时”；向北到北京一带，便是“白露早，寒露迟，秋分种麦最当时”；而向南到江苏、安徽等江淮地区，则又变成“霜降种麦最当时”了），那么，更远的地区也许就只能符合“大暑最热、大寒最冷”等最基本规律了。此外，华南地区隆冬也十分暖热，“大雪”“大寒”只是日历上的事情；而青藏高原四五千米高度上则盛夏也霜雪不绝，牧民根本不知“小暑”“大暑”为何物。

这就是二十四节气不能像“四大发明”等技术发明那样，任意推广到全世界而最多只能传播到邻国的主要原因。而且，传播的主要意义也是文化上的而非指导农作。

实际上，“一把钥匙开一把锁”。好比特效药只能有效治疗对症疾病一样，我们也不能苛求二十四节气可以用来解决全世界的农业问题。

对二十四节气命名的几点讨论

从上可以知道，节气名称与实际气候不符，乃是因为二十四节气乃天文架构，用它这个载体来装气象学的内容，许多地方不符合实际乃必然。因此古人该如何考虑为二十四节气取名，以尽量符合他们农耕和生活？我在这里做一些自己的分析。

首先要定的四个节气名称是立春、立夏、立秋、立冬。因为古人认为春生、夏长、秋收、冬藏乃自然界一年之中最主要的变化规律。但是古人没有气象资料，不可能按实际气候情况（冬夏长、春秋短）划出“气象四立”日期。实际上，在当时也只能按天文学等分的办法，即“四立”间各相隔3个月。但这样“四立”日期便只能放在现在的位置，因为春分和秋分是必须要分别位于春季（立春到立夏）和秋季（立秋到立冬）的中央，因为“分者半也，此当九十日之半”（《月令七十二候集解》），所以是不能放到别处的。至于节气名不符气候实际的问题只能尽可能补救。

其余节气如何命名？

已故中国科学院副院长竺可桢在1994年就已指出，二十四节气“此乃从天文观点而平均分配者，自农业气候的立场，则不能不以寒暑为主”。可是二十四节气中立冬、立夏只是冬、夏季节的开始，而冬至、夏至则分别是日长和日短至，并非最冷、最热时节。因此，在二十四节气中，除了“四立”“两至”，还需有“寒暑”。不仅有寒暑，还有小暑、大暑和小寒、大寒。以至于加上处暑，冬夏冷热名称的节气占了二十四节气中近半。这也充分反映了冬冷夏热在我国古代社会中的重要性。

冬夏季节开始后，自然会有结束，但立春和立秋该结束而又没有结束。夏季结束倒已经有了立秋后的处暑，可是冬季结束却并没有立春后的“处寒”。为什么？

原来我国夏热结束确实很干脆，8月下旬秋风南下，凉秋就迅速开始了，而且几乎没有“反复”。处暑时机安得极为恰当。可是，因为我国冬季风特别强大、持久，来时迅速（夏速止），去则拖沓（冬不速止），到雨水节气时四大古都平均气温仍只有3℃左右，无暖只有寒。因此古人从实际出发宁可设“雨水”也不设“处寒”。可是，雨水之后要再想设“处寒”，可就“师出无名”，也没有位置了。

再说小寒、大寒和小雪、大雪问题。古人很慎重，尽管有颠倒的事实，但并没有把它们的顺序倒过来。我想，首先是因为，先“小”后“大”，易于为人们所接受，加上顺序中如果有“反”（例如先大雪后小雪）有“正”（例如先小暑后大暑），便会显得十分不和谐。第二，在漫长历史中总有极少数年份气候特别反常，以雪为例，反常年份中大雪节气可以十分温暖，下雪自然就可以非常大。所以实际上“大中有小，小中有大”，其界限也并非绝对。二十四节气正是以其和谐才流传千年的。

最后，我们从二十四节气的名称和顺序确实可以看出它如何紧密结合农业生产。例如，立春之后是雨水（备耕）、谷雨（雨生百谷）、小满（籽粒初灌浆）、芒种（有芒作物成熟），下半年还有白露、寒露（雨露滋润禾苗壮）、霜降（霜杀百草和庄稼）和小雪、大雪（瑞雪兆丰年）……由此也可以看出，二十四节气确实贯穿了竺老所说“以寒暑为主”这根主线。

二十四节气正以“中国岁时节令文化”形式继续发展

当然，二十四节气之于我国，和“四大发明”一样，毕竟主要是历史功绩。因为自从民国元年开始采用阳历之后，二十四节气用来指导农事这个作用已基本被阳历取代。因为二十四节气和七十二候只不过是阳历年时序中 24 个和 72 个固定节点而已。

大约 10 多年前，媒体上曾报道过中国科学院地理所宛敏谓老先生说：“二十四节气已经过时了。”我很佩服他的勇气与高见，但又不完全赞同。因为过时、消失的仅仅是指导农耕一个方面（当然节气、物候谚语仍可使用）。二十四节气并未在我们生活中消失。因为二十四节气和它在历史上衍生出来的、与人们生活同样密切联系的杂节气（如九九、三伏、社、梅、时等）以及许多民俗节日（如春节、清明、端午、中秋、重阳等），共同组成的“中华岁时节令文化”，几千年来不仅源远流长，而且不断丰富发展，并逐渐走向世界。例如，近几年世界上有许多国家同时庆祝中国春节，有些国家元首还专门发表讲话。这种有着如此广泛影响的民族文化的国家，世界上还没有第二个。所以我认为二十四节气终将进入联合国的“非物质文化遗产”。

更重要的是，我认为，与二十四节气相适应的快节奏气候、快节奏农业、快节奏生活对我们中华民族精神和思想有着更深刻的影响。例如我们常说，我们中华民族是勤劳、聪明的民族。其实，我认为这就与这种“快节奏”有关。

快节奏的气候、快节奏的农业，决定了我们古人必须“春争日、夏争时”“龙口夺粮”，不争、不夺就会饿肚子，能不勤劳？快节奏农业迫使古人总结出二十四节气，解决吃饭、穿衣问题；快节奏的天气和季节变化，迫使古人发明中医和养生文化，解决治病健康问题……能不聪明？

总之，古代黄河中下游地区严酷的生产、生活条件，几千年来客观上培养和造就了中华民族勤劳、聪明等民族精神和素质，诞生了光辉灿烂的中国传统文化。

哲理编

中国气候对中国传统文化影响的哲理思考

我于1959年从南京大学气象系气候专业毕业，被分配到中央气象局从事科研工作。有幸能一辈子主要从事中国气候方面研究工作直至现在(其中仅1991—1994年调任《中国气象报》总编辑)，因而对中国气候极为熟悉。我于20世纪80年代出版的一本中国气候专著曾被台湾“中央气象局”一位(代理)局长从大陆买回推荐在台湾出版，因其丰富详尽，当时台湾“中国气象学会”叶秘书长曾戏说，可以参照用来“反攻大陆”。

但从20世纪90年代开始，我关于中国气候研究的重点有了重大变化，因为我发现中国气候不仅影响我国植被、农业和经济建设等物质层面，而且通过人的衣食住行、风俗习惯影响到民族文化，即精神层面。因此开始重点研究中国气候对中国传统文化的影响，把属于自然科学的气象学和属于社会科学的中国传统文化联系起来，用气象学知识解释、分析和归纳总结其与中国传统文化的关系，开创了一片小小的科研新天地。

总结我过去58年的中国气候研究工作，共有5次认识上的飞跃，相应我研究中国气候对中国传统文化影响的5个层次。用它作主线，可以较好反映我科研和科普创作的全过程。

我国位于温带和亚热带纬度，盛行大陆性季风气候。主要气候特点是冬冷夏热、冬干夏湿，季节变化特别鲜明、极端。原因是因为我国冬、夏季节中盛行的是两支方向基本相反的季风气流，它们分别来自北半球寒极西伯利亚内陆(冬季风)，以及广阔、暖热的太平洋、南海和印度洋(夏季风)。再加上我国幅员十分辽阔，纬度又居中，因此南北方不仅干湿不同，而且雨旱季节类型也大体相反。气候的剧烈时间变化和空间变化，共同深刻影响了我国人民的生活和文化。“一方水土（气候）养一方人”，这就是我国传统文化鲜明区别于世界其他各国的主要原因。

第一次认识飞跃

——我国主要气候资源和主要气象灾害间存在内在联系

我的第一次认识飞跃发生于二十世纪六七十年代。主要内容是，在初步掌握了我国气候的主要特点和规律后，进一步认识到，与世界同纬度相比，我国气候兼有大利（丰富气候资源）和大害（大范围重大气象灾害）。它们主要都是我国大陆性季风气候所带来的，对立统一地存在于大陆性季风气候之中。它们之间只有“一步之遥”。因为大陆性季风气候不是一架机器，它运行正常就是气候资源，运行不正常就会造成大面积重大气象灾害。

我国大陆性季风气候的主要特点是什么？

如果简单用8个字概括，就是“冬冷夏热，冬干夏雨（南方是夏多雨冬少雨）”。这是因为，冬季风从内陆西伯利亚南下，寒冷且干燥；夏季风从南方海洋北上，高温且多雨。我国一切主要气候特点和规律、气候资源和灾害，大都由此而生。

这种大陆性季风气候于我国有什么大利？

主要是，第一，由于我国夏季热量丰富，因此春种秋收的一年生喜热高产粮棉作物分布纬度之北，世界上数一数二。例如，东北几乎全境都可种喜热高产作物水稻、玉米；新疆棉花总产量甚至占了全国的一半。而冬冷对它们并无影响。第二，我国雨水大部分下在光照和热量最丰富的夏季（雨热同季），水分、热量和光照都得到了最充分的利用，好钢用在了刀刃上。相反，同纬西欧地中海周围地区（大陆西岸是地球上正常情况应有的气候）雨季在冬，夏季是干季。这样，光、热、水资源便都得不到充分利用。更重要的是，第三，在世界南北回归线附近的15°～30°纬度带上，由于高空有副热带高压带持久控制，天空云消雨散，凡大陆久之都成为了沙漠（称为“回归沙漠带”），例如北半球撒哈拉大沙漠、阿拉伯大沙漠，南半球澳大利亚大沙漠，南非卡拉哈里沙漠等（南北美洲由于该纬度上陆地宽度较窄，没有形成沙漠，但仍有干旱和半干旱地区）。唯独我国南方和相邻的南亚地区，由于夏季风送雨，硬是在这沙漠带纬度大陆上，制造出了一个“大绿洲”。大陆性季风气候之利我国，可谓巨矣。

我国大陆性季风气候的大害，主要可归纳为旱、涝、风、冻4个字。我国大范围旱涝主要是夏季风雨带在大陆上季节性南北进退移动不正常所造成的。冻，是指由冷空气南下造成的低温和冻害，如东北夏季低温冷害，华北、长江中下游地区春、秋季低温（早、晚霜冻；早稻烂秧、晚稻寒露风），华南冬季热带作物的寒害等。较大面积风灾则主要是由与冬季风有关的寒潮大风，以及与夏季风有关的台风等造成的。所以说，正是给我们带来了丰富气候资源的大陆性季风气候，也同时带来了我国的主要气象灾害。

下面具体举出两例我国大范围气象灾害。

第一个例子是关于冬季风造成的霜冻灾害的。1953年4月10—12日，华北地区冬小麦刚刚拔节（不耐0 ℃低温），一场特强冷空气（冬季风）南下，最低气温普遍降到−3～−1 ℃，局部−5～−3 ℃。大范围霜冻使当年仅冬小麦一种作物就减产50亿斤，严重影响了当时国家粮食供应。同年8月1日毛泽东主席和周恩来总理签署命令，把气象部门从军队（军委气象局）转建政务院（国务院），成立中央气象局。天气预报开始向社会公开发布，同时为经济建设和军事建设服务。

第二个例子是关于夏季风异常造成旱涝的。在正常年份，北上的夏季风雨带于6月中旬到7月上旬在江淮、江南地区停留，形成当地梅雨季节；7月中旬雨带开始北上华北、东北，江淮、江南便进入一年一度的伏旱季节。但1931年，夏季风雨带北上过程中反常地长期停滞江淮、江南北部，梅雨期特长，淹没农田5000多万亩，武汉被淹3个月之久，共死亡14.5万人，灾民2800多万人。相反，1959年梅雨期特短（空梅），江淮、江南地区出现几十年不见的大范围严重干旱，也使我国粮食严重减产。

实际上，我的这次认识飞跃是有促使原因的。20世纪60年代初我从文献中查到，20世纪40年代，国际上地理决定论者正是以冬冷夏热使人不适为由，把我国划为“最多二等强国”。这个结论深深刺伤了我的民族自尊心，把它视为“国耻”。但我找遍文献，又找不到正面批判它们的论文或书籍。最多只说到冬冷夏热气候“可以振奋吾民族之精神”。于是我开始了对这个问题的漫长思索。

事情转机发生在1963年初，我写了一篇1300多字的文章，题目叫“谈谈我国的严冬”，发表在1963年1月19日的《人民日报》上。这个题目必然要讲到冬冷的许多不利，可是在当时的情况下，又不能全讲不利。因为按照“一分为二”的观点，严冬也应该有它有利的一面。我心想，即使一时找不到直接的有利，也要找些间接有利。因为夏季风不可能孤立存在，没有了冬季风，就不会有夏季风。于是，在文章的最后写了这么一段话：“应该怎样来全面评价冬季风呢？我们知道，在夏季里，海陆之间的热力差异造成的是偏南的夏季风。冬季风虽然缩短了我国农作物的生长期，使喜热作物分布区南移，但从海洋上来的夏季风，却给作物在旺盛的生长季节带来大量的雨水，使我国的大部地区成了富饶的米粮之川。”

这篇文章，本已接触到了问题的实质，但由于接踵而来的许多政治运动而中止（本职研究工作也停止几年）。直到 1975 年，才经过局级（副局长和局总工）审查，我在第 8 期《气象》杂志上发表了《对我国气候的几点认识》。接着又应《地理知识》主编高泳源先生之邀，在《地理知识》1976 年第 1 期首篇发表了全面评价我国严冬的文章《我国的严冬》。后来还在 1995 年 5 月 3 日《科技日报》2 版头条位置，进一步总结成《季风为什么既是资源之源，又是灾害之源》一文。

这样，我就初步地从理论上揭露了地理决定论者孤立、静止、偏面、表面地看问题的形而上学的思想方法。所以他们虽然根据的是科学事实，但得出的却是错误的人文结论。

我的这个认识飞跃，使我对我国气候的认识上升到了哲学的高度，即建立了冬、夏季风之间，和我国主要气候资源、主要气象灾害之间的对立统一关系，解释了“（季）风调雨（水）顺”成语的科学道理，以及我国农业丰年和灾年之所以能无过渡地转化、剧变等的哲学原因。

这一次的认识飞跃，也是以后 4 次飞跃的基础。

第二次认识飞跃
——中国气候既影响我国植被、农业等物质层面，又影响我国传统文化等精神层面

我的这个第二次认识飞跃发生在 20 世纪 90 年代中期。那是当我撰写《气象与生活》（江苏教育出版社，1998，后由台湾凡异出版社购买版权出繁体字版）“气候与

衣食住行”部分的时候，特别是研究“春捂秋冻”等健康谚语时，猛然想到这已经是属于我国民俗文化方面范围。因此，我在该书的扉页上，按照出版社的统一要求，签名题词“冬冷夏热的气候不仅深刻影响了我国农业等物质层面，而且深刻地影响了我国人民的生活、风俗习惯和文化”，但在那本书内还没有来得及展开。

这个认识飞跃，从哲学上说，就是把我对中国气候的认识，从矛盾的特殊性上升到了普遍性，即认为中国气候对我国的影响不仅表现在植被景观、农业生产和经济建设等物质层面，而且表现在人们的衣食住行、风俗习惯和传统文化等精神层面。这一认识飞跃的重要性，还在于使我对中国气候影响的研究突破了气象学以至自然科学的范围，而进入到自然科学和社会科学的交叉领域。

认识到有这种影响之后，我思想上豁然开朗，研究我国气候对我国各种文化的影响势如破竹，大体初步完成了“二十四节气文化”“古诗词文化”“中国园林文化”“中医和中医养生文化”“中国民俗文化（衣食住行、民间体育竞技等）”等多方面的研究。部分阶段性成果先后发表在《气象万千》第三版（湖南教育出版社，1999）、第四版（湖北少儿出版社，2009）、第五版（湖北科技出版社，2014），以及第六版即《林之光讲中国气候》（北京韬奋书局，2019）等文章之中。

但在本文中，因限于篇幅，下面仅以民俗文化中的几个方面举例说明，因为它们最贴近人们生活，喜闻乐见，但也足以看出中国气候对传统文化的深刻影响。

饮食文化方面：南稻北麦，南甜北咸，川湘爱辣

《汉书》中说“民以食为天”，即饮食是人类生存的第一需要。过去中国人见面打招呼时常问“吃饭了吗”，可见民间对饮食之重视。实际上，“吃”的用词已经广泛深入到了人们生活中的方方面面。例如，受了惊吓叫“吃惊”，费力气叫“吃力”，受了损失叫“吃亏”，拜访别人被拒叫“吃闭门羹”，被人诉讼到法院叫“吃官司”，干什么工作叫“吃什么饭”等，真堪称中国特有的“吃”文化了。

我国气候对人们主食影响最大的可算是“南稻北麦、南米北面”了。因为大体在秦岭、淮河以南的南方地区，春雨、梅雨雨量丰富，非常适合种植需水多的水稻，因此南方历史上一直以大米及其制品为主食，例如米饭、年糕、米线、粽子、汤圆等。而秦岭、淮河以北的北方地区，春多旱而秋末土壤墒情尚好，因而历史上一直种植需水较少、秋播夏初收割的冬小麦。人们主要也以面粉制品，如馒头、面条、饺子、烙饼、包

子等为主食。这正如清代李渔在《闲情偶寄》中说的“南人饭米，北人饭面，常也”。

其次，冬冷夏热气候使国人冬、夏食欲、口味也有很大不同。

冬季中，人的热量消耗很大，因此食欲好。人们多食高蛋白、高热量的动物性食物，特别是羊肉、狗肉，吃法多用火锅。到了夏季，天气炎热，人们食欲大减。因此多爱好新鲜爽口、易消化的清淡食物，肉少而蔬菜多，汤也比较清淡。人们还喜欢西瓜、绿豆汤等清凉去火佳品。

南方自古就有甘蔗种植，古人所以喜甜；北方甜菜一直到19世纪初才引进中国，因此居民习惯吃咸。这就是我国“南甜北咸”的气候原因。

川、湘爱辣是因为南方冬季潮湿阴冷，吃辣可以抗寒、抗风湿。俗话说“湖南人不怕辣，贵州人辣不怕，四川人怕不辣”。但其中主要还是抗湿而不是抗寒，否则，冬季平均相对湿度和川、黔、湘相近的东北就应该是我国冬季最需要、也应最能吃辣的地方了，因为东北是我国冬季中最冷的地方。实际上，东北恰恰相反是最不能吃辣的地方。其主要原因是，虽然两地空气相对湿度相差不大，但两地空气中水汽的绝对含量却相差很大。例如哈尔滨、长春、沈阳1月份平均每立方米空气中含水汽仅1.1～1.7克，而成都、贵阳、长沙则高达6.9～7.2克/米^{3}之多。所以说“抗湿”之湿，主要是指空气中水汽的绝对含量。

居住文化方面：南床北炕，南敞北闭，春捂和阴暑

北方地区冬冷，居住气象条件要解决的主要矛盾是设法度过漫长的冬季。因此房屋造得十分矮小紧凑、密闭，北侧多不开窗户，一切为了保暖。其中最典型的是我国最冷地区(东北)的口袋房，南侧只有一个窗户，且窗户一般都有两重，甚至外窗外还要蒙上一层透明塑料布保暖。而南方房屋居住气象条件要解决的主要矛盾是度过长长的炎夏，所以房屋必须造得高大通风。但这样到了冬季取暖效果便很差，阴冷气候下，使人们常常手足都生冻疮。我国更南的热带地区，例如云南西双版纳气候更加湿热，因而盛行傣族竹楼，上层住人，下层敞空或拴牲畜，因而“云南十八怪”中有“房屋空中盖”之说。北方游牧民族为了适应迁徙，常常建成蒙古包那类可移动的房屋，冬季包上盖多层毛毡，夏季则盖1层，甚至将毛毡换为布。而黄土高原上居民则挖地成窑洞而居，天然的冬暖夏凉。我国窑洞人口曾在三四千万以上，是世界上窑洞人口最多的国家。

气候对居住影响的另一重要方面，就是北方冬季必须取暖，因此民间一般都利用做饭、烧水的烟气余热，通过室内砖和土砌的睡炕与墙中的烟道加温室内。但南方冬季一般不需季节性取暖，且多雨潮湿，因此以床代炕，这就是“南床北炕”的气候原因。

“春捂”是指春季中室外升温快，而室内因房屋热惰性而仍凉，因此入室要添衣春捂。久居室内的老人春季减衣也不宜太快。“阴暑”是指夏季中室外高温使人汗流浃背，进入凉的室内后因风寒入侵而受凉感冒。这种情况类似于现代城市中室内大都安装了空调，而且从室外到室内仅一步之遥，气温立刻降低 5～10 ℃。所以现代城市中的“空调病”常常比古代阴暑病更加严重。

江南小镇风光

交通文化方面：南船北马，风雨廊桥，“接风洗尘”成语

在古代，交通几乎完全决定于气候条件。南方地区由于雨季长、降水量大，河湖港汊发达，因此水上运输极为便利，而且船舶还能载重。而北方年降水量小、雨季短，河流稀少，大地一马平川。“四野皆是路，放蹄尽通行”，交通自然以陆上的车和马为主了。

“风雨桥”是多雨的南方地区，为了晴天避晒歇脚、雨天避雨的需要而建的。过去称为“廊桥”，因为上面有顶盖。在城市中的相应建筑是马路两旁的“骑楼”，即商店楼房在一楼让出通道，以使顾客、行人避免日晒和雨淋。过去没有楼房的城市，则把平房屋顶延伸(加柱)到人行道上，同样可以遮阳避雨。此外，与交通有关的成语“望尘莫及”(指车马远去，追赶不上)、“接风洗尘”等，可以证明是在北方诞生后传播到南方去的，因为南方气候潮湿，地面不起尘，北方空中的尘沙也难以到达南方。

民间体育、竞技方面：南龙舟，北赛马，“南拳北腿”

南方雨多，河流多而深，水流平缓，因而古代很早就有龙舟赛；而北方雨少，草原宽广，因此蒙古族赛马等运动十分盛行。“南拳北腿”的原因，则与南、北方人的体格有关。南方地区由于纬度低，气候热，人的生长发育期相对较短，因而个子一般比较矮小，下肢较短对用腿踢人非其所长，因而重拳击，靠近身取胜。而北方人由于气候较冷，生长发育期较长，加上杂粮肉食，因而长得人高马大，腿长是其优势。由于腿的转动半径大，力量足，速度快，威力大，所以逐渐形成“北腿”的武打特色。

当然，大家都明白，实际上气候不仅影响了古人的“衣食住行”等客观世界，而且同时还影响到了他们的主观世界。例如，因为我国的许多特殊气象条件常使古人写出世界上特殊而又十分精彩的古诗词来。但是，由于古人缺少现代气象知识，因此在这些古诗词等作品中难免出现少数说不清、不科学，以至迷信等内容。因此我认为科学家有责任帮助文学家解释、澄清、纠正传统文化中的许多重要科学问题，以至于可以帮助他们判断、解决文化界历史上的部分争论。

我在《中国科学报》2012 年 6 月 22 日发表的《异事惊倒百岁翁——苏轼〈登州海市〉诗并非造假》，就是为苏轼鸣冤正名的。因为苏轼《登州海市》诗历史上一直颇受争议，认为苏轼到任仅 5 天就离去，很难遇见罕见的海市蜃楼；而且苏轼来登州(今山东蓬莱)时已是初冬，而登州海市一般又只在晚春初夏季节才会出现。因此难免有不少人认为是造假。历史上虽也有不少人认为不是假诗，但举出的观点证据，都是关于苏轼的人品、道德等方面的。而我则是从气象科学原理上指出苏轼诗是真的，而且证据就在此诗之中的末句“相与变灭随东风”。这类科学问题，因为专业所限，只靠文学家自己是不可能解决的。

反过来，气象科学也可以主动发现传统文化中的部分科学性问题。例如南宋朱弁，在宋高宗建炎元年(1127)从杭州出使北方金国。他一身正气，不受威逼利诱，被金国拘留长达15年之久。他在拘留期间有一首思念故国的《送春》诗："风烟节物眼中稀，三月人犹恋褚衣。结就客愁云片段，唤回乡梦云霏微。小桃山下花初见，弱柳沙头絮未飞。把酒送春无别语，羡君才到便成归。"诗的大意是，他居住地方的风物、气候和故国南方有很大不同，这里阴历三月人们还喜欢穿棉衣。现在桃花开了，春天来了，我祝贺你刚来到就能归去(意思是他的南归还遥遥无期)。

其实朱弁肯定知道，春天从南方杭州北上后，接替春天的是夏季，春天不可能再南返杭州。所以朱弁只是找由头写诗，表示他思念故国而已(我的该诗评文章发表在2015年4月25日的《科技日报》)。但是我国文学界并没有发现这些问题，不知道朱弁送的春天不是南归，而是更北的远去，仅就诗论诗。因此这件事也证明了我的观点，即"弘扬中国传统文化仅靠文学家是不够的，需要自然科学家的参与"。

当然，仅仅气象学一个学科还不够，因为影响传统文化形成的自然环境科学中，还有例如植被、地形、土壤、水文等学科，只不过气象学是其中最活跃、最重要的学科，而且还会对其他相关学科产生重要影响而已。

第三次认识飞跃

——中国传统文化从形成外因分析乃是"寒暑文化"

我对中国气候影响传统文化问题的第三次认识飞跃发生在2012年。主要内容是寻找气候影响传统文化中的主要因子，或者说主要矛盾。因为我通过研究，认识到在影响中国传统文化的所有自然环境因子中，气候因子是最重要的因子，而中国气候各影响因子中又以气温因子，即"寒暑"为最重要。因此，从这个角度可以说，中国传统文化是一种"寒暑文化"。而且我还进一步称这种冬冷夏热的"寒暑"气候为"母亲气候"，正像我们称黄河为我们的"母亲河"一样。

产生这次认识飞跃的原因，要从2006年《科技日报·经济特刊》副主编(今《科普时报》总编辑)尹传红先生的采访说起。他的采访内容正是我前两次认识飞跃方面的问题，采访结果《科学探索和科普创作相伴而行——访林之光》已经发表在2006年第4期《科普研究》(中国科普研究所主办，双月刊)上。后转载在中国科普作家协会主办的《科普创作通讯》(季刊)2006年第4期上。6年后,他拟把采访结果成书,嘱我补充修改。

于是,我马上就想到了这个"寒暑文化"问题。据我的研究,对人体感觉而言,我国是世界上冬冷夏热最显著的国家:冬季冷得可以滑冰滑雪,夏季又热得流汗(西伯利亚冬、夏温差虽比我国还大,但是那里只有寒而无暑)。因此必然会对生活和文化产生特殊而深刻的影响。下面举出5个例子,看看我国传统文化是不是确实可以称为"寒暑文化"。

例一,"一年"竟可以说成"一个寒热"。

金代元好问曾有一首著名的词《摸鱼儿·雁丘词》,其中前五句是:"问世间,情为何物,直教生死相许?天南地北双飞客,老翅几回寒暑。"全词说的是他赴考途中见到有人张网捕雁,捕雁者说,一对大雁中的一只被捕并被宰杀,另一只本已挣扎脱网飞去,但见到伴侣被宰杀,于空中哀鸣盘旋后竟一个俯冲头触地而死。词中"几回寒暑"就是说这对大雁已经双宿双飞多年了。

毛泽东主席在他的《贺新郎·读史》中化用元好问的"几回寒暑"为"几千寒热"(是说人类的铁器时代只不过经过了几千年)。改"寒暑"为"寒热"除了韵脚原因外,我认为也令词中冬、夏的冷热对比感觉更加强烈。

例二,由于古人多贫穷,最畏冬寒,因此使古人生活中的许多人和事,多冠上了寒字。例如称贫穷读书人为"寒士",寒士出身于"寒门",称自己的家为"寒舍",称自己妻子为"寒荆",称艰苦攻读为"十年寒窗",称因贫困而出现的窘态为"寒酸",甚至日常见面问候起居的客套话叫"寒暄"("暄"即温暖)"寒温"等。

寒暄是古人十分重视的礼节。"不遑寒暄"只能在极为紧急情况下。如果一般情况下不先进行寒暄,会被认为不礼貌,甚至会有严重后果。例如,《旧五代史·钱镠传》中记载,由于钱镠上书中不叙寒暄,被上级借故免去了他吴越(地方)国王的封号。

例三,古人经常使用成语"世态炎凉",感叹社会上有些人反复无常:见到有钱有势者趋炎附势、逢迎巴结;见到无钱或失势者疏远冷淡。例如文天祥《杜架阁》中说:"昔趋魏公子,今事霍将军。世态炎凉甚,交情贵贱分。"我国国学大师季羡林老先生在2000年出版了一本书名就叫《世态炎凉》的书,披露了他一生从旧社会到新中国成立后的历次政治运动(特别是"文革"中关进"牛棚",受迫害),直至成为"国宝",一生中几次大起大落的遭遇和心路历程。

例四，中国古诗词中对我国冬冷夏热的描写，在数量上最丰富，在内容上最鲜明极端。例如，描写冬冷，唐代孟郊说："寒者愿为蛾，烧死彼华膏。"（愿以一死换来瞬间温暖，摆脱寒冷）清代蒋士铨说"自恨不如鸡有毛"读来更令人酸楚。描写夏热，古诗中那汗流得如"泼"、如"雨"、如"滂沱"，热得韩愈"如坐深甑遭蒸炊"（人在蒸笼中）；热得范成大"不辞老景似潮来"，但求"暑热如寇退"，热得王维甚至要到宇宙外真空中去凉快凉快，连命都不要了（《苦热》）。

例五，20 世纪 60 年代雷锋同志的座右铭："对同志要像春天般的温暖，对工作要像夏天一样火热，对个人主义要像秋天扫落叶一样，对敌人要像严冬一样残酷无情。"雷锋用生活中冬冷夏热的鲜明四季来表达他人生的鲜明爱憎，是十分独到的。尽管由于其中的时代印记，该铭现在已少为人知。

请问，这样一种气候，一年可以概括为一个"寒热"；老百姓见面最常用的问候语叫"寒暄"；为人处世反复无常可以叫"世态炎凉"；冬冷夏热得诗人常常"寻死觅活"；冬冷夏热甚至可以进入人的座右铭。这样广泛、深入人们日常生活、精神世界的传统文化为什么不可以称为"寒暑文化"？形成这种文化的气候为什么不可以称为"母亲气候"？

因为中国古人十分崇敬天地。"天"实际上指的是气象条件，"地"则是指土地条件。天地结合才能生产人类赖以生存的衣食。古人最早是生活在黄河中下游地区的，赖黄河冲积的土地以耕种，赖黄河水利以灌溉，因此黄河被我们称为"母亲河"。实际上，气候不仅直接影响了人们的生活和文化，而且同时影响甚至决定了当地的其他自然环境条件；而其他自然环境条件也会对当地的文化产生影响。例如，河流的"性格"就是由气候决定的（俄罗斯气象学家伏耶伊科夫就曾说过："河流是气候的女儿"）。黄河在夏雨季中浩荡奔腾，一泻千里；冬季中仅剩几条涓涓细流，使人"有眼不识黄河"。这种显著的水文季节变化，就是我国北方冬干夏雨的大陆性季风气候所造成的。

但是，我们的"母亲气候"并不只会给我们带来气候资源，施以"哺育之恩"，同时也会展现她严厉"教育"的一面，即前述大面积旱、涝、风、冻气象灾害。诚如孟子所言："天将降大任于斯人也，必先苦其心志，劳其筋骨，饿其体肤，空乏其身。"正是这些气象灾害，迫使人们与大自然做斗争。例如，为了衣食温饱，人们创造了二十四节气文化；为了治病和健康，研究出了中医和中医养生文化，等等。从而锻炼了我们的生存技能，将我们培养成为了勤劳、聪明、勇敢的民族，诞生了世界独特而唯一的中国传统文化及其主要精神。“母亲气候”不亦可敬、可爱乎？

第四次认识飞跃

——中国气候对中国传统文化的影响也有物质和精神两个方面

我的第四次认识飞跃的产生又与尹传红先生有关。他在中国科普作家协会兼任副秘书长，2016年主编中国科普作家协会编的科普论文集《科普之道》。他希望我从“中国气候对中国传统文化影响”已有研究的基础上切入，简要总结我的气象科普创作的理论和经验。

其实，我虽然撰写、发表科普作品58年，但自己确实没有什么“理论”。早在20世纪80年代，中国科普作家协会组织编写《科普创作概论》，我就辞谢了写“科学小品”文章的任务。2014年北京科普作家协会组织一次“科普创作理论研讨会”，我虽应邀参加，但也没有发言，会上只声明我确实没有什么理论。但尹传红先生的建议确实给我指出了解决办法，因为这个问题我再熟悉不过，而且过去我还多次总结过，因此稍加整理，扩展和深入，完成任务应该不算很难。

那么，从哪里切入、提高呢？因为我写东西习惯要有新的研究内容。

答案倒是现成的，因为在第三次认识飞跃的最后，已经提到了中国气候也同时影响中国传统文化及其主要精神的问题，只是没有展开。

但这是根难啃的骨头，因为我的国学基础不够。所以这个问题我过去曾几次浅尝辄止，知难而退。不过，为了我这个“中国气候对中国传统文化影响研究”的完整性（即既要有影响的物质方面，也要有影响的精神方面），这个问题迟早还是要研究的。失败了就算是再练一次兵。为了从古圣贤著作中得到启发，我还专门阅读了《道德经》《论语》《孙子兵法》等著作，可惜都没有找到直接线索。于是我只能像研究《为什么中医和中医养生文化只能诞生在中国》（《中国科学报》2012年6月22日）那样，从形成中国传统文化基本精神可能需要的气候条件出发，最终研究得出了如下“初识”。还望专家、读者、编者不吝赐教。

关于中国传统文化的基本精神，学者们各有说法，归纳起来不外乎“刚健有为，自强不息”“天人合一”“厚德载物”“和而不同”“人本精神”“礼治精神”“经世致用”等。“刚健有为，自强不息”“天人合一”这两条一般都入选，而且这两条与气候条件也相对最有联系。因此本文重点加以分析。

刚健有为，自强不息

“刚健有为，自强不息”，最早出现在《周易》：“天行健，君子以自强不息。”这里的“天”，主要是天体，“健”就是刚健有为。“天行健”就是指天体的运行十分刚健规则：太阳、月亮轮流升起，昼夜不断交替，四季运行周而复始。这种“天行健”并无外力推动，完全取决于本身。因此君子也应像天体运行一样自强不息。个人如此，一个民族，一个国家也应如此。例如近代的外患，中国人民总能英勇无畏，前赴后继，进行艰苦卓绝的斗争，一部中国近代史就是一部中华民族的自强不息史。

前面说过，我国气候资源虽然十分丰富，但也有大面积旱、涝、风、冻气象灾害，在生产力十分落后的时代，人们为了在严酷的自然条件下生存，逐渐形成了不怕吃苦、积极有为、坚韧不拔的精神。当然，这也是为什么人类文明恰恰诞生在有生存忧患的温带而不是食物无忧的热带的原因所在。

其实，世界上各地，“天行健”中上述天文条件都是“刚健有为”的，只有四季变化的气象条件不是。而在有四季变化的温带中，又以东亚温带大陆性季风气候造成的我国华北黄河中下游地区的四季变化最为鲜明极端，大面积旱、涝、风、冻气象灾害最剧烈。在这里发展起来的中华文明，最为光辉灿烂，并成为四大古文明中唯一持续到今天的文明。这应该说不是偶然的。因为有矛盾、有困难、有危机，才会有奋斗；有奋斗才可能有成功、有辉煌。有大陆性季风气候的严酷自然条件，有中华民族艰苦卓绝的奋斗，才会有智慧的中华文明的诞生。曾见到有学者也有类似共识，例如，丁照在《理解自然》一书中写道：“四季变化正是古代文明诞生的必要刺激”，“人类其他优秀品质也随之而诞生”，等等。

天人合一

“天人合一”是中国传统文化中十分古老、根本而又深刻、复杂的一个哲学命题。内容十分广泛，各家学说也并不完全相同。我们这里主要只讨论涉及人与自然关系方面的内容。

我国哲学家普遍认为,“天人合一”是指人与自然的对立统一关系。也就是说,人是自然界的一部分,是地球发展到一定阶段的产物。人要在大自然中生存,就要顺应大自然的规律,人的行为也要与自然和谐相处。正如庄子所言:“天地与我并生,而万物与我为一。”这一点也正是与西方文明提倡的“征服自然”完全不同的地方,也正是现今西方国家正在反思并愿意向东方文明学习之处。

“天人合一”思想产生的原因,主要是在古代农业社会里,农作物从播种、生长,直到收获,都是“靠天吃饭”。虽然有的年份风调雨顺,“谷不可胜食”,但有的年份却大旱大涝,甚至颗粒无收。人们不知其因,于是产生了崇拜和迷信。大自然恩威并用的结果,必然会使人们逐渐产生“敬天顺时”“天人合一”的思想。而在古代四大文明古国中,著名学者汤因比也指出,其中以中国纬度最高、生存条件最为严酷,因此最易产生“天人合一”思想。

到了汉代,对天人关系的认识有了重大发展。例如,西汉董仲舒为了维护封建统治的合法性,提出“天人之际,合二为一”。他首次把阴阳学说、五行学说同时与儒学结合起来,成为关联宇宙建构、社会伦理等的完整系统,同时也使阴阳五行深入到了中国传统文化的各个方面,成为中国传统文化的重要内容。

在古代,“阴阳”是古人对宇宙万物两种相反相成性质的一种抽象概念,是古代朴素的唯物辩证法。“五行”的“行”有“运行、变化”的意思,具体内容就是“生、克、乘、侮”,是古代朴素的系统论。它们起源很早,只是直到董仲舒才把它们以“天”为核心统一起来。董仲舒认为,“天有十端”(“十”是天之数),即“天、地、阴、阳、木、火、土、金、水、人”,第一个是“天”,最后一个是“人”(余治平《唯天为大》,2003)。其中“木、火、土、金、水”就是五行。他认为五行既是构成世界宇宙的五个要素,又是人们“观察天意,领会天道的必经之途”。他首次把五行与世间万事万物联系成一个有机整体,即在世界万物中,与五行“木、火、土、金、水”相应的,空间方位分别为“东、南、中、西、北”,时间季节为“春、夏、长夏、秋、冬”,农作为“生、长、化、收、藏”,相应五音“角 、商、徵、羽、宫”,相应五德“仁、智、信、义、礼”,相应职官“司农、司马、司营、司徒、司寇”等。甚至他通过“天人感应”“人副天数”建立了封建社会的最高道德准则“三纲”“五常”,这就是题外之话了。

如果说,董仲舒主要是把阴阳五行学说与天道、社会、道德、政治联系起来,那么基本同时代的《黄帝内经》便是首先把阴阳五行与自然、人体、治病和养生联系起来，即把五行“木、火、土、金、水”与相应五季“春、夏、长夏、秋、冬”，中医致病外因“风、暑、湿、燥、寒”，五脏“肝、心、脾、肺、肾”联系起来，组成“中医脏象学说”，成为中医治病的理论基础。而“中医和中医养生文化”又号称最能体现中国传统文化的精华。由此亦可看出阴阳五行理论在中国传统文化中的重要性。

我认为，不论是董仲舒“天人”理论，还是中医“脏象学说”，其中与“木、火、土、金、水”五行联系最关键、最重要的还是中国气候的五季“春、夏、长夏（夏雨季）、秋、冬”。因为正是五季，决定了古人赖以衣、食和生存的大自然“生、长、化、收、藏”。没有这个主干条件，阴阳五行理论即使建立起来，也是空洞理论，全无任何实际意义可言。由此亦可看出中国气候对我国传统文化及其精神的重要影响。

说到这里，有的内行读者会说，气候和四季是“气（象）”，不是“天”，何谈“天人合一”。是的，但是古人是分不清大气层内（气象）和大气层外（天文）的区别的，古人认为凡是地面以上都是“天”。由于气象条件对古代农业生产的重要性，气象条件才是古人最重要的天人关系（人就生活在大气层之中）。而且，严酷的气象条件还正是诞生中国传统文化的必要外因。

这里需要指出，我们不能因为中医阴阳五行学说中有部分内容尚不能为现代科学所解释，便认为其迷信。因为西医是科学，中医是哲学，是更高的层次，不能用西医的标准来衡量中医是否科学。人类尚没有认识到的不等于不是真理。而且有许多医学家说过，正是以阴阳五行为基础的中医，历史上维护了中华民族的健康长达三四千年之久。因此，实践才是检验真理的唯一标准。

此外，中国传统文化及其精神中还有“厚德载物”“和而不同”等。“厚德载物”出自《周易》：“地势坤，君子以厚德载物。”即要求君子有像地那样海纳百川的博大胸怀。“和而不同”出自《论语》“君子和而不同”，即求同存异。它们都是要求处理好人与人、民族与民族之间的关系。这也都和古代生产力低下、气象等自然灾害严重、需要人类和谐团结、共图生存有关。

所以，综上所述，中国传统文化及其精神充满了勤劳智慧的中国古人与兼有大利大害的气候条件之间的矛盾斗争。中国古人及其斗争精神，是诞生中国传统文化的内因，兼有大利大害的气候条件则是外因。正如孵小鸡一样，鸡蛋是内因，适当的温度是外因，没有适当的温度是无法孵出鸡来的。没有大利大害的气候条件，便诞生不出中国传统文化。而大利大害的气候条件正是表现为鲜明的四季变化的。

第五次认识飞跃
——没有中国气候，便没有中国传统文化

2016 年 11 月，我国二十四节气成功列入联合国非物质文化遗产名录。我先后接受《中国科学报》(记者胡珉琦)、《中国气象报》(记者吴越)、《人民日报》(记者刘毅)等多家媒体采访，因为我在多年前的书和文章中早已预言“二十四节气必将入遗”。采访中我曾指出，在我最近所看到的媒体对二十四节气的意义，以及如何进一步继承发扬的庆贺性文章中，多是在二十四节气这个“矿”本身内的挖掘，没有跳出“不识庐山真面目，只缘身在此山中”的局限性。我举了一个例子，证明二十四节气至少还有现实意义。人都说“养生治病要跟着季节走”，我认为不准确。以秋季为例，秋季的第一个节气“立秋”紧跟大暑之后，仍在三伏之内，天气暑热(中医称为长夏)，治病、养生都要防暑祛湿；而秋季最后一个节气“霜降”，天气正在入冬，治病养生主要是防寒防燥，这完全是两个相反的气象季节对应两类相反的疾病。所以，治病养生应该跟着节气走。因为我国冬冷夏热，春、秋季节特短，所以气候节奏变化特快。

实际上，二十四节气就是全年气候的缩影。因此我曾想通过结合二十四节气文化，进一步研究中国气候对中国传统文化的影响，从外因上得出“没有中国气候，就没有中国传统文化” 这个我久已酝酿的“最终结论”。这个想法得到《中国科学报》李芸主任的支持，她希望我把过去这方面的研究，加以修改、补充并压缩，以适应在报纸上发表。于是便有了我第五次认识飞跃，有了本文(2017 年夏秋在《中国科学报》连载 6 期)。

本题的论证，分为以下三个方面。第一方面，既然中国传统文化是由我国特殊于世界上其他地区的“冬冷夏热，四季鲜明”气候所造成的，因此集中我国特殊于其他国家的特殊文化事例，并指出其与气候的联系，便是首要的事。第二方面，既然“冬冷夏热，四季鲜明”是形成中国传统文化的必要外因条件，因此没有这种气候的地区，便必然没有这样文化的诞生。第三方面，是努力引经据典，寻找古人对本问题

的看法，从而得到启发与佐证。

二十四节气承载说

这可从中央电视台国际频道的文化公益广告词“赏二十四节气，品五千年文明”说起。因为它的本意就是说：“二十四节气是中国传统文化的载体。”因此没有了这个载体，也就没有了中国传统文化。那么，究竟这个载体上承载了何许世上罕有的文化，才能得出如此结论？

因为中国传统文化内容太广，我们这里只能抓重点，即选择中国最特殊于世界上其他国家文化的事例，并用人们喜闻乐见，又最为精练的古诗词举例方式加以说明。在短篇幅的情况下，这里选用二十四节气的缩影，即春、夏、秋、冬四个方面来阐述。其实两者实际上承载的是同样内容。

春季可以用“春来速”来形容。因为我国冬冷夏热，春、秋特短，春季升温特快，甚至“一夜东(春)风起，万山春已归”(唐，刘威)！

南朝梁王僧儒的《春思》说得更为形象具体：“雪罢枝即青，冰开水便绿。”因为雪和冰是冬季的事，青和绿是春季的事。现在它们竟然直接连起来了，春来还不快？此外，“前日萌芽小于粟，今朝草树色已足”“涌金门外柳垂金，三日不来绿成阴”，春来也只是二三天的事。此外，“春风又绿江南岸”“春江水暖鸭先知”等著名诗句也都是说“春来速”的事。

中国南方广大地区是世界上大面积夏季最为闷热的地方。大热使诗人产生了灵感，几千年来写出了无数咏夏热的绝世妙句。除了上文提到的之外，下面再补充几例。

宋代梅尧臣有首《和蔡仲谋苦热》：“大热曝万物，万物不可逃。燥者欲出火，液者欲流膏。飞鸟厌其羽，走兽厌其毛。”天气热到干柴出烈火，液体熬成膏；热到鸟类嫌生羽，兽类嫌长毛。还有什么比这更热的？李白号称诗仙，想法总是别出心裁。他在《丁督护歌》中说：“吴牛喘月时，拖船(拉纤)一何苦。”“吴牛”是吴地(苏南及其附近)的牛，按理吴牛早就适应当地夏季的炎热，但还是常常热得受不了，以致在夜间见到月亮，也以为是太阳，而“热”得喘起气来。连吴牛都热怕到了这种神经质程度，大家想想那里夏季该是怎样的一个大热！

唐代王毂在《苦热行》中说：“五岳翠乾云彩灭，阳侯海底愁波竭。”说的是，大热把山上的绿树和天上的云彩都给烤干了，波涛神阳侯躲在海底下，还害怕大海被蒸发干。《暑旱苦热》中还进一步说："人固已惧江海竭，天岂不惜河汉干。"意思是说地球上的江海蒸发完毕后，千万光年外的银河（系）也将要被烤干了。这是何等的宇宙大热！当然，这些都过于夸张，但如果没有身受极度大热的煎熬体验，能写得出这样"世界最高级别"的大热诗吗？

其实，现今二十四节气文化已发展成"中国岁时节令文化"。其内容除了二十四节气及其衍生的"三伏""三九"等杂节气外，还有历史上陆续出现的节令。节气主要是与自然有关，而节令则主要是与人文相联系。举4例。

七夕号称中国"情人节"。咏七夕诗中最为人赞赏的可能要算宋代秦观的《鹊桥仙·纤云弄巧》："金风玉露一相逢，便胜却人间无数。……两情若是久长时，又岂在朝朝暮暮。"号称化平凡为神奇，而且写出了传世警句，传唱千年不衰。

"中秋"节令流传最广的一定是苏轼的《水调歌头·明月几时有》："人有悲欢离合，月有阴晴圆缺，此事古难全。……但愿人长久，千里共婵娟。"道出了人世间深刻的哲理思考，送出了世上最温馨的远方祝福，被词论家推为"中秋绝唱"。

此外，唐代王维17岁于重阳节写的"独在异乡为异客，每逢佳节倍思亲"，以及李白的"床前明月光，疑是地上霜。举头望明月，低头思故乡"，都是历史上描写在外游子思乡、思亲的历史名句，一想起来常常使游子们热泪盈眶。有位文学家在论及李白这首诗时曾夸张地说，不知这首《静夜思》的，不能算是真正的"中国人"（大意）。

冬季，说一首唐代柳宗元的《江雪》："千山鸟飞绝，万径人踪灭。孤舟蓑笠翁，独钓寒江雪。"我们不谈论写诗的初衷，也不谈论文思的精妙，只思考世界上别的国家的诗人写不出来这样的诗的原因。因为世界上凡有绿水的地方，冬必不冷，一般不会有积雪；而冬冷的地方，河必结冰，不会有绿水。因为我国位于西伯利亚之南，冬季中虽因位于亚热带而经常温暖，但常有特强冷空气南下，使我国东部成为世界同纬度上降雪、积雪界限最南的地方。所以，我国才会出现白雪和绿水同时存在的奇特景观。

虽然我国既不是世界上冬季最冷的地方，也非夏季最热的地方，但却是唯一"冬似寒带，夏似热带"的奇异地方。所以宋代杨万里才会有"畏暑长思雪绕身，苦寒却愿柳回春"的"奇谈怪论"。

总之，我国气候冬冷夏热、春暖秋凉，四季变化如同走马灯般飞快，"昨见春条绿，那知秋叶黄。蝉声犹未断，寒雁已成行”（《祓禊曲》）。所以宋代朱熹才会在《劝学》中谆谆教导说：“少年易老学难成，一寸光阴不可轻。未觉池塘春草梦，阶前梧叶已秋声。”类似的中国特有劝学诗还有“读书不觉春已深，一寸光阴一寸金”“少壮不努力，老大徒伤悲！”等。

没有以上二十四节气承载的这些“世界奇迹”，焉能称有中国传统文化。

论证的第二方面是，中国传统文化不可能诞生在中国以外的别的国家。我们举两种典型文化的例子，二十四节气文化和中医、中医养生文化。

二十四节气的诞生，按照我的说法，是中国古人为了解决衣食问题，即对付快节奏气候所造成的快节奏农业而发明的“特效药”。因为我国冬冷夏热，春季升温、秋季降温特快。特别是冷空气南下时，气温下降尤烈。如果农时掌握不好，例如春季中播种早了，春霜会把苗期作物冻死；播种晚了，秋霜又会使将成熟的作物严重减产，正如农谚所说：“人误地一时，地误人一年。”二十四节气的出现，就是为了在快节奏农业中掌握农时，既然它是针对我国快节奏农业所产生的“特效药”，当然不可能在别的国家诞生了。

为了解决古人健康问题而产生的中医、中医养生文化不能诞生在别的国家的原因，我们长话短说。

因为中医治病的基本理论叫“脏象学说”。这个学说的基础是“阴阳五行”理论，具体利用“五行”间相生相克规律治病。即古人认为，人体最主要的五脏“心、肝、脾、肺、肾”，在五行中分别属“木、火、土、金、水”，相应季节是“春、夏、长夏、秋、冬”，相应致病外因是“风、热、湿、燥、寒”，等等。

但问题是，一年只有四季，如何能变成五季相应？古人想出了极妙、极科学的办法，把夏季一分为二，其中前半的干季仍称为“夏”，后半雨季划出为“长夏”。这样，长夏在五行中属土，在五脏中与脾相应，在致病外因中为湿。这使脏象学说中各个方面，不论是性质还是次序，都能珠联璧合，天衣无缝。因为在气象学中，用于划分季节的只有气温和降水量，气温只可以划出春、夏、秋、冬，降水量只可以划出雨季和干季。而春、夏、秋、冬是干季，长夏是雨（湿）季。在一年里，也再划不出第六个性质不同的自然季节来。我真尊敬和佩服古人，因为如果他们不发明中医，到今天世界上都不会有中医。

实际上，无论是二十四节气或是中医文化，它们都是温带大陆性季风气候的产物。根据世界季风区划，季风气候只有东亚、南亚和北非有。而其中温带大陆性季风气候就只有我国北方才有，以黄河中下游地区"冬冷夏热、冬干夏雨"最为典型(因为西北无夏雨，东北无夏热)。世界上其他地区都没有这种特殊的"五季"季节类型。所以才能说，中医不可能诞生在别的国家；中国传统文化不可能诞生在别的国家，只能诞生在中国黄河中下游地区。

读到这里，也许有的读者会问，二十四节气和中医文化既都诞生在黄河中下游，为何二十四节气不能像"四大发明"那样传播到全世界，而中医却可以治全世界人的病？原来，二十四节气乃古人治我国特殊的"快节奏气候和快节奏农业"的"特效药"，故特效药只能特用；而全世界的人类都有相同祖先，人体结构和经络都相同，故中医都能治也。

医易同源

中医界多有"医易同源"说。"易"就是《周易》。《周易》是中国传统文化中最古老、最神秘的经典，号称是"众经之首""大道之源"。因其诞生于周代，因此称《周易》；因其经典，又称《易经》。"医"指《黄帝内经》，号称中国传统文化之精华，进入中国传统文化之钥匙，是中医和中医养生文化之鼻祖。如果这两个经都认为中国传统文化之形成与"四时"(冬冷夏热，四季变化)有关，岂非就圆满地完成了论证任务？

大家知道，《周易》的基础是八卦，八卦的基础符号(符号比文字更古老)是"爻"。而爻只有两种，即阴爻和阳爻。阴爻和阳爻共组成64卦，包含了世界上万事万物以至宇宙变化发展的大规律。所以可以说"易"源于阴阳。而《黄帝内经》亦源于阴阳。例如，"医道虽繁，而可以一言蔽之者，曰阴阳而已。""命之所系，惟阴与阳。不懂阴阳，焉知医理?"(明，张景岳)所以，"总之，阴阳为《黄帝内经》之总骨干，而'易'以道阴阳，两书之实质相同，故亦为'医易同源'矣"。即两者的基础都是阴阳，因此两者同源。

其实，在两经中，不仅阴阳，"四时"也是同源的。例如《黄帝内经》中说："夫四时阴阳者，万物之根本也。……故阴阳四时者，万物之终始也；死生之本也；逆之则灾害生，从之则苛疾不起，是谓得道。"恽铁樵《群经见智录》中说："《易经》者曰：'法象莫大乎天地，变通莫大乎四时。'知万事万物无不变易，故书名曰《易》。知万事万物之变化由于四时寒暑。故曰，四时为基础，《内经》与《易经》同建筑于此基础之上者也。”所以，从“四时”看也“医易同源”。

在陈立夫先生主编的《易学应用之研究》中，总结出了事物皆有的“三大生存原则”：一、相对应双方（例如阴阳）虽有相互盈虚消长之变化，惟必须共同存在；二、太过偏重一方面，其结果适得其反；三、相对的一方面失其存在，其对立面亦难独存。其实，这也是《黄帝内经》之主要精神：“生之本，本于阴阳。阴平阳秘，精神乃治……阴阳离决，精气乃绝……孤阴不生，独阳不长……”所以，从这方面说，也是“医易同源”。据我的看法，“医易同源”源在同是古人的朴素唯物辩证法思维。

最后，再说一句。我的专业是气象学，皓首穷经，已进耄耋之年，不减小心谨慎。但跨界文化、哲理，却是“初生牛犊”，有话就说。不过毕竟学识肤浅，问题难免，抛砖引玉而已。诚望指正。

台风矛盾论

台风是热带海洋上生成的大气涡旋，直径可达几百至几千千米，中心附近最大风力常达12级(32.6米/秒)及以上，最大风速曾有90米/秒的记录。台风名称各地叫法不同。例如，中国和日本都称台风，但美国和中美洲加勒比海地区都称飓风，南亚称热带气旋①；澳大利亚西北部海区叫“威力威力”，菲律宾称“碧瑶风”，那纯粹是台风的地方名称了。

台风是在矛盾中产生的，台风的一生也充满了矛盾，是非常有趣的。

航拍台风中心涡旋云系

① 在我国，热带气旋定义为生成于热带洋面上，具有有组织的对流和确定的气旋性环流的非锋面性涡旋的统称，包括热带低压、热带风暴、强热带风暴、台风、强台风和超强台风。即台风仅为热带气旋的一个等级。

台风是世界上最重大的自然灾害之一，同时也是重要的气候资源

据统计，历史上死难10万人以上的台风有7次，30万人以上的有两次。1970年11月2日，台风袭击孟加拉湾，使孟加拉国因洪水死亡20万人，死于灾后瘟疫的又有10万人。2008年5月初，登陆缅甸的强热带风暴“纳尔吉斯”造成7万多人死亡，5万多人失踪。

据我国20世纪80年代的数据，平均每年因台风死亡420人；近些年来因经济迅速发展，每个强台风造成的经济损失动辄百亿元以上。下面再具体举出我国20世纪台风灾害中最严重的几类例子。

1922年8月2日，一个强台风登陆广东汕头，造成约6万人死亡，经济损失约7000万银元。1956年8月1—2日，5612号强台风在浙江象山港登陆，造成沿海10千米内一片汪洋，浙江全省死亡4600多人。1975年3号台风登陆福建后虽已减弱，但后来深入内陆到达河南时（8月7日），因为地形有利，生成了3个3日总雨量在1500毫米左右的特大暴雨中心，造成板桥水库等10余座中、小水库同时垮坝，高达10余米的洪水墙向下游冲去，共死亡8万余人，经济损失100余亿元。1994年8月21日，特强台风正面在浙江温州瑞安登陆，大风（最大风速50.4米/秒）、暴雨（最大日雨量620毫米）、高潮（最高7.35米）同时破浙江历史纪录。全省48县受灾，房屋倒塌20多万间，损坏90多万间，虽经政府全力组织抢救，共转移59万人到安全地带，但仍然有1216人死亡，319人失踪，直接经济损失124.3亿元。

台风致灾主要通过如下三个方面。第一是大风。例如，2006年8月10日登陆浙江苍南县的桑美台风，最大风速68米/秒，这样的大风对墙壁的压力高达287千克/米^2，所以常造成一般民房墙倒屋塌，人员大量伤亡。第二和第三是暴雨和高潮位，暴雨易造成山洪暴发和内涝，淹死人畜；天文大潮的顶托则使陆地洪水难以顺利入海，加剧陆地涝灾。

其实，世界上任何事物，对人类都不会只有利或者只有害，利害常常对立统一地

存在于同一事物之中。巨大的灾害性天气——台风，也是如此。

第一，我国台风季节在盛夏初秋，这个季节正是我国南方广大地区的高温伏旱时期。台风带来的及时雨，正好能缓解以至暂时解除当地大面积伏旱。因此，南方台风雨特别少的年份往往也正是伏旱特别严重的年份。所以，台风雨成了南方盛夏季节翘首以待的水利资源。实际上，由于陆地摩擦力大，台风大风进入陆地约 50 千米后，风速大约就减小一半，一般已经不成灾害。所以，台风是用沿海极小面积的大风灾害换来了内陆广大面积的雨水资源。此外，台风雨同时也缓解了南方广大伏旱地区的高温酷暑之苦，成了当地盛夏的凉爽资源。例如，2003 年 7 月下旬的“伊布都”台风就曾缓解了江南大部地区持续 40 ℃左右的异常高温天气。

第二，台风可以发电。当然这不是指风力发电。因为台风风力过大，台风过境时人们还要专门把风力发电机的机翼固定，以防被大风吹坏。这里是指用台风带来的雨水发电，当然前提是天气预报要准确。例如，据报道，1995 年夏，广东省水利厅利用准确台风天气预报，在 5 号台风来袭之前，通知全省有关地区大中水库放水发电，然后再让台风带来的暴雨把水库灌满。结果这个举动果真给广东省带来了多发电 800 多万度的经济效益。从这个意义上说，台风雨又成了台风地区盛夏的水电资源。

第三，台风还有一个大功劳不大为人所知。世界各大洋的台风，大规模、高效率地把巨量热量和水汽从低纬度输送到高纬度。它和北方南下的冷空气一起，共同调节着地球上的热量和水分平衡，使热带不致太热，寒带不致太寒，大部地区适宜于人类和生物居住。你说台风的功劳大不大呢？

台风中心是个晴朗无风区

大家知道，台风是个带来大风暴雨天气的天气系统，台风里风力最狂、雨下得最大的部分是它的中心区。但台风中心区的中心（称为台风眼区，一般直径十几至几十千米），却是个晴朗且风力极小甚至无风的地方。台风眼壁云墙内外如此极端相反的天气状况，却又和谐地统一在一起，真令人不可思议。

其实，这也不难理解。俗话说：“人要实心，火要空心。”因为只有空心，富氧的新鲜空气方能源源不断地从下方进入燃烧区内部，使火烧得更旺。对台风来说，只有有了下沉气流（所以台风眼区晴朗、小风）的台风眼，台风眼壁外的上升气流和暴风雨天气才能发展得更猛烈。所以台风刚生成时并没有“眼”，只有发展到成熟强大时期“眼”才出现。实际上，不仅台风如此，包括龙卷和特别猛烈的温带气旋也都是有“眼”的。

暴雨台风制造大火灾

台风是降大暴雨的天气系统，气流十分潮湿。说它能制造火灾，同样令人不可思议。但日本确曾多次发生过这样的火灾。下面举出其中一个例子。

1955 年 9 月底，编号为 5522 号的台风在日本鹿儿岛登陆，横扫九洲岛后进入日本海，并转向东北而去。由于台风中心已逐渐远离，降雨也已停止，只是刮着越山而来的台风西南边缘的较强南风，因此当地人们以为不会再有重大灾害发生。可是，10 月 1 日凌晨 2 时，新泻县府不慎失火，在干燥的强南风中，火灾迅速蔓延，新泻市中心几乎完全被大火吞没，酿成巨大惨剧。在气象学中，潮湿气流越过高大山脉后变成干热气流的过程，叫做“焚风效应”。

赤道无台风和夏季无台风

台风生成在水温为 26 ℃以上的热带洋面上。因为台风是靠其内部上升气流中的水汽，在上升过程中降温凝结时释放的巨大凝结潜热而发展壮大的。而台风生成海区的水温必须达到一定温度，才能产生足够强的上升气流。可是问题是，虽然赤道比热带纬度低，温度比热带高，但是赤道却没有台风，这又是个奇怪的矛盾。

原来，台风生成的三个必要条件中，除了较高水温以提供更多水汽潜热能量以外，还要有一定的地转偏向力，以使气流产生旋转。这样，在台风形成初期，四周气流才不致直接流入低压中心，使台风迅速遭填塞而消失。可是，地球自转造成的地转偏向力随纬度的降低而减小，在赤道上地转偏向力为零。这就是为什么地球上纬度 5°以内没有台风生成和影响的原因。这也是为什么我国最北端的黑龙江省(北纬 53°)都能受到台风影响,而我国最南端的曾母暗沙(约北纬 4°)却没有台风影响的原因所在。

除了赤道地区之外,世界上都是夏季全年气温最高,因此台风一般也都发生在夏季。可是偏偏就有台风只发生在春、秋而夏季基本没有台风的地方。这个地方就是春、秋季也高温的北印度洋和南亚地区。

原来,形成台风的第三个必要条件,是要有一个初始涡旋,以产生上升气流发生水汽凝结、提供初始凝结潜热能源。发展成台风的初始涡旋,绝大多数发生在南、北两半球信风(北半球东北信风,南半球东南信风)会合的赤道辐合带里(台风在矛盾中产生,即指在风向相反的汇合气流中产生)。而季节性南北移动的赤道辐合带经过北印度洋和南亚的时间恰恰是春季(北上)和秋季(南下)。夏季中这里受单一的西南夏季风控制,缺乏初始涡旋,因此便基本上没有台风。

不过,这里的台风虽然不发生在夏季,个儿也比较小,但致灾导致死亡人数最多的台风恰恰发生在这里。1970 年登陆孟加拉国吉大港地区的强台风,最大风速 62 米/秒,驱赶着 6 米高的海水墙,使孟加拉国死亡 30 万人之多。这个台风就发生在该年 11 月 12—13 日。1991 年使孟加拉国死亡 13.8 万人的另一个强台风则发生在春季 4 月 29 日。2008 年使缅甸死亡 7.7 万人的强台风也发生在 5 月初。

台风诞生艰难,死得痛快

前面说过,台风生成需要三个条件。其中较高水温和地转偏向力这两个条件,在热带洋面上一般都易满足,因此台风生成的关键在于是否有初始涡旋。而南、北两半球信风气流汇合的赤道辐合带中就常常同时有许多涡旋,因此同一海区便可以同时生成不止一个台风。世界上生成台风最多的西北太平洋上,同时出现 3 个台风的事几乎每年都有,平均每 5～10 年还有一次同时出现 4 个台风的情况,最多时还曾同时出现过 5 个台风(例如 1960 年 8 月 23 日 15 时至 24 日 03 时)。但是,并非每个小涡旋都能发展壮大,只有能坚持 3 天以上的才能发展成为台风,绝大多数台风都消失在生成阶段。所以说台风生成艰难。

台风一般有两种“死”法。一种是登陆后因被切断海水凝结潜热的能量供应，同时因陆地摩擦力大，使台风动能迅速消耗而死亡。另一种是抛物线路径的台风北上到达较高纬度时，卷进了北方南下的冷空气，台风（热带气旋）迅速变成温带气旋而死亡。例如1981年10月23日，强大冷空气进入北上日本的8124号台风，使日本各地气温猛降：南部山区枫叶立即染成红色，进入秋天；北部则纷纷降雪，从夏末初秋变成了冬天。热带台风会降雪，当然也是矛盾趣事。

但是，不管哪种“死亡”，比起艰难漫长的形成过程，“死亡”过程都很短，因此不妨称为“死得痛快”。

台风灾害也能影响政治事件

第二次世界大战中日本投降后，标志第二次世界大战结束的受降文本签字仪式原定于1945年8月31日举行。但由于当年11号和12号台风分别于8月23和27日在日本登陆，因而改到9月2日进行。

1979年，在日本登陆的18号台风于10月7日突然加强。此时正值日本大选，多数选民被暴雨所阻，不能按时到达投票点。事后人们趣称这是个“支配政治的台风”。

此外，台风还影响了2008年美国的总统选举。2008年夏秋之交是美国两党全国代表大会的日子。民主党候选人奥巴马通过8月25—28日全国党代会，支持率突然上升，领先共和党候选人麦凯恩6个百分点。而一周后共和党全国党代会因“古斯塔夫”飓风影响，原定的提名庆祝活动有的被取消，有的大大缩减，即使有宣传报道，也被台风报道影响，给共和党总统选举带来巨大打击。当然也有媒体报道说，由于共和党因灾主动压缩选举活动的亲民路线，也会赢得许多人气。总之是台风对这次美国总统竞选产生了重大影响。最终，奥巴马胜了。

此外，历史上还有因台风而使官员被逮捕和提前退休的事。例如，1928年9月17日，荷兰驻日本大使希波尔特任满回国。途中船只被台风带来的恶劣天气袭击沉没，打捞时发现他行李中有日本沿海气象观测图等机密资料，因此他的回国日期不得不延后了一年多。1906年9月18日一个强台风突袭香港，由于当时又值天文大潮，死伤人数较多。香港政府为此成立了特别委员会调查该次事件。后虽证实天文台并未失职，但首任台长杜博士还是选择了次年退休回国的决定。

由上可见，台风一生中确实充满了有趣的矛盾。这些矛盾的产生，主要原因是：台风本身是个规模巨大和强烈发展的天气系统，它激化了自身内部的矛盾；而且它又是个能快速移动的天气系统，又产生和激化了它与周围环境的矛盾。这些矛盾越剧烈，就越会产生令人惊奇的趣事。

最后，台风虽是个重大灾害性天气，但是依靠卫星、雷达等现代化探测技术，现在已经能够比较准确地预报；而且，由于经济的飞速发展，台风造成的经济损失虽有所增大，但损失占我国国民经济生产总值的比重却在下降。你瞧，台风灾害迫使人们认识它，研究它，预报它，制服它，这样的转化，不也算一个矛盾吗？

台风矛盾论，写到这里，应该可以初步告一段落了。

沙尘暴告诉我们的不仅仅是灾害

沙尘暴可称得上是我国现今最重大的气象和环境灾害之一。因为大风加上浓密沙尘,其危害非同一般。它除了大风大面积迅速刮蚀农田肥土,吹死种子幼苗和瓜果花朵等之外,还大面积沙埋农田、牧场和干旱地区的生命线——水渠和坎儿井。强沙尘暴时交通事故大量增加,飞机、火车、汽车常被迫停运。1973 年 1 月,约旦一架波音 707 飞机因受北非哈马丹风(沙尘暴)袭击,坠毁于尼日利亚的卡诺机场附近,机上 176 名乘客和机组人员全部遇难。1993 年 5 月 5 日一场跨我国西北四省(自治区)的强沙尘暴中,85 人死亡,25 人失踪,经济损失达 5.4 亿元以上。因此防治沙尘暴,保护和恢复地面植被,已成为我国的一项基本国策。

可是,沙尘暴作为一种自然现象,也并非“有百害而无一利”。这里不避“抬杠”之嫌先举出两个例子。

例一,宁夏《中卫县志》记载说,1709 年“地震后急大风十余日,风席卷沙飞去……居民遂垦复旧压田百顷”。也就是说,大约百顷原来被沙埋压的良田,在一场沙尘暴大风中上面的沙都被大风吹走了,农民们得以重新进行耕种。更有甚者,一场或几场沙尘暴大风还可使埋在沙下的古城重见天日。据记载新疆古楼兰遗址就是这样被发现的。例二,沙尘可以大量吸附城市中汽车排放的氮氧化物等污染气体。因此,大城市有沙尘暴的日子里一般是不会发生(由氮氧化物分解成的)以臭氧为主要成分的光化学烟雾灾害的。

实际上,沙尘暴作为地球上一种自然现象,它并不是孤立存在的,它和其他许多自然现象有密切联系。而这些自然现象,也并非对人类都是不利的。许多自然灾害,在此时此地为灾,在彼时彼地也许就成了有利条件甚至资源了。

沙尘的阳伞效应有利于抑制全球变暖

1991年6月菲律宾皮奈图博火山大喷发，巨量的尘埃粒子进入平流层大气，使得从20世纪80年代以来强劲的全球变暖势头得以暂时中止。为什么火山爆发能降低全球气温？这是因为升到高空（最后分布全球）的火山灰尘埃云把大量的阳光反射回到宇宙空间，地面上因为接受到的阳光热量减少而降温。火山尘埃云等气溶胶反射阳光降低地面气温的作用，好比给地球撑了一把薄薄的"阳伞"，因此曾被称为"阳伞效应"。

从地面被吹飞到高空的沙尘同样能产生这种"阳伞效应"。据观测，刮到高空的沙尘云不仅面积可以很大，而且可以有相当的厚度（例如远在北太平洋中部的夏威夷冒纳罗亚山顶有一次曾观测到沙尘云厚度为1千米）。据日本对1979年4月14日从中国到达日本的沙尘云的观测，这次沙尘云使当时大气光学厚度从平时的0.196上升到0.401。也就是说，沙尘云的出现，使太阳光能量在通过大气层后的削弱量大体比无沙尘云时增加一倍。再考虑到全球有约三分之一面积的干旱和半干旱区在不断向大气输送沙尘和土壤粒子，因此其总影响便不是可以忽略的了。

据全球变暖的权威研究机构联合国政府间气候变化委员会曾公布的数据，包括沙尘在内的大气气溶胶（大气中的固体和液体粒子）的降温效应，大约抵消了全球变暖升温总量的20%。也就是说，如果没有沙尘粒子等造成的大气阳伞效应，全球变暖的速度比现在还要快20%！

沙尘暴能有效缓解酸雨

很有意思，我国北方地区工业也很发达，工厂和交通工具排放的硫氧化物和氮氧化物数量也决不比常降酸雨的南方少。可是，北方酸雨发生地区小（主要在北方的南部，即山东、河南、河北，以及辽宁的沿海地区），程度也较轻微。原来，这是因为北方常有沙尘天气，而沙尘含有丰富的钙等碱性阳离子，这些西风送来的和地面扬起的碱性沙尘都能有效地中和酸雨。正因为沙尘能中和酸雨，所以早前科学家曾有用热气球在高空撒沙防治酸雨的原始想法。

日本位于我国的东方，是我国天气过程的下游，因此春季我国沙尘暴天气中的细粒常可东移到达日本，造成日本的浮尘天气。这种浮尘天气如遇降雪，就会造成日本的“赤雪”（实际上是褐色）和“黄雪”。这种黄色的沙尘同样也缓解了日本的酸雨（雪）。据研究报告，日本大都下 pH 值小于 5.6 的酸雨，有时 pH 值甚至低到 4.5 以下；可是每当这种浮尘天气出现，降雨的酸性立刻消失。例如，据日本 1984 年春季 3 次浮尘天气前后的对比观测，长崎、大阪、东京和横滨 4 市的降水 pH 值分别由平时的 4.69、4.51、4.99 和 4.65 上升到 7.40、7.33、7.10 和 6.85。同样，根据韩国 1988 年 4 月的多次观测，有沙尘天气时的 pH 值亦均在 6.0～6.7，也比平时的 4.7～5.9 高出不少。

顺便说到，欧美国家酸雨危害之所以迅速加剧，是因为他们用静电除尘器大力清除火力发电厂烟囱排出的碱性飞灰，使烟囱同时排出的硫氮等酸性气体更少得到中和之故。

沙尘天气制造了厚厚的黄土高原

沙尘暴天气又一个值得提到的“功绩”，是它制造了厚厚的黄土高原。

随着地质学上第四纪初青藏高原和喜马拉雅山脉的强烈隆起，阻断了南方印度洋上来的夏季风深入内陆，中亚地区年降水量逐渐减少，气候日趋干燥。干燥地区气温日较差大，夜冷昼热，岩石逐渐物理风化成为沙粒，形成了沙源。同时，青藏高原还使东亚高空温带西风急流分支，北支西风急流正好把沙漠地面大风刮到高空的粉沙级细粒输送到东部地区，从而形成了我国北方大约 40 万平方千米面积巨大而土粒物理化学性质却十分一致的黄土高原。由于输送过程中沙尘粗粒先降，细粒后降，因而黄土高原上黄土颗粒也从西北向东南减小，从西北向东南可以划分成砂黄土、一般黄土和细粒黄土。而且，黄土层厚度也从西北向东南减小。例如，兰州地区最厚可达 300 米以上，而陕西洛川为 135 米，河南洛阳仅约 50 米。我国历史文献中北方常有“雨土”“黄霾”“黄雾下尘”和“黄风”等记载，实际上都是沙尘暴天气（“雨土”中的“雨”是动词，降的意思）。

因为黄土是热的不良导体，因而黄土窑洞中冬暖夏凉，居住十分舒适。黄土高原住窑洞的老人，还常常不愿意搬到地面上砖瓦房中住。我国居住在黄土高原上窑洞中的人口多达4000多万。可以想象，在几千年历史中，窑洞的冬暖曾使我国多少穷人免于冻死！

此外，黄河又把从黄土高原上冲刷的数以亿吨计的泥沙源源不断地输到入海口，使三角洲海岸线每年前进约2500米。据过去报道，黄河每年可以造陆20平方千米，这使可耕地不断扩大。

还有，240万年堆积起来的黄土高原其实还是一部古气候变化记录器。因为百米厚的黄土层从上到下并非均一，而是由黄土和褐色（或黑色）土层交互叠置。黄土层表示当时气候干冷多大风（西北风）；褐至黑色表示气候暖湿，地面能生长草原甚至森林植被，发育了古土壤。此外，黄土层剖面中还有许多外壳坚硬因而保存得很好的植物孢子和花粉粒，也是反映当时气候冷暖干湿的良好指示物。

沙尘是良好的凝结核，有利成云致雨

据观测，沙尘颗粒并非圆形，而且表面凹凸不平，十分有利水汽在其上凝结。

我国西北大部分地区，虽然年降水量只有50毫米左右，而20厘米直径蒸发皿年蒸发量则高达2000毫米左右，气候极为干旱，但是天上的云量却并不少。例如，年降水量仅16毫米的吐鲁番，年平均总云量却高达4.4成（年降水量约600毫米的北京也不过4.8成），即44％的天空为云所遮（沙尘暴最多的春季更高达55％左右）。虽然这种云多是5000米左右的非常薄的高云，但总是也起到一点缓和地面高温干旱的作用。

日本已经观测确认，“根据对包括富士山顶冰晶核（凝结核）数量季节变化在内的研究表明，来自中国的黄沙粒子到达日本后，成为了日本冰晶核的主要组成部分，作为过冷却云滴（零下而未结冰的水滴，日本大多数降水云层都是含这种过冷却云滴的云层）的冻结核，对降水的形成起着重要的作用”。

也就是说，大气中的沙尘，使我国西北干旱地区天上增加云量，多少减轻阳光热灼，而使下游地区多少增加雨量。要知道下游的我国北方春季是很缺水的。

沙尘能给远海补铁，有助海洋生物生长

沙尘粒子越小，在天上飞行的距离越长，可以飞到遥远的海洋深处。那么这些粒子降到海里后会发生什么结果呢？

分析海洋中植物和浮游生物的化学成分可以发现，它们铁的含量要比海水高 8 倍（在含磷相等的情况下），因此铁的缺乏常常是限制海中生物繁殖的主要原因。南极海中生物之所以缺乏，也是因为南极海水中含铁量仅为正常海水中含铁量的 1/50。这也就是科学家曾提出的，在大洋中部和南极海中撒铁粉以繁殖海中植物和浮游生物，以大量吸收大气中的二氧化碳，从而减缓大气温室效应和全球变暖设想的原因。而沙尘粒子就富含海洋生物必须的，但远洋水中却常常缺乏的铁和磷。

地球上的沙尘暴是消灭不了的

正如前面所说，沙尘暴既是重大灾害，却又有许多对人类有利的方面。所以，如果没有了沙尘暴，也就没有了这些有利方面。其实，即使它是绝对恶魔，我们想要消灭它，也是消灭不了的。当然，这里所说的沙尘暴不是局地性的，而是指对人类社会有重大影响的，大规模、大范围的沙尘暴。因为这种沙尘暴是从大沙漠中刮出来的，而我们人类不可能消灭地球上的大沙漠。

其实，以现代人类社会的力量，也并非不能消灭一两块大沙漠（而且沙漠改造后的绿洲，因其阳光、热量和水分都十分充足，是一种十分丰富的气候资源。世界上优质高产的小麦、棉花、水果、蔬菜以及鲜花都产生在沙漠绿洲之中）。主要是我们消灭得起，却维持不起。因为一旦停止向沙漠灌水，绿洲又会变回沙漠。我们不能消灭的不是沙漠，而是形成沙漠的条件。这个条件，就是形成大范围沙漠的地球大气环流。

原来，地球上的大沙漠，大都集中在南、北回归线两旁，因此这一带被称为回归

沙漠带。它的形成，是因为在这个纬度带上有一个常驻的副热带高气压带。高气压带中气流下沉，下沉过程中空气被压缩升温，于是雨散云消，晴空烈日。热带、亚热带纬度上，无雨而又蒸发强的结果，凡面积较大的陆地久之必形成沙漠。

人类不能消灭回归沙漠带的原因，就是因为不能消灭这个高气压带。因为这个高气压带并非孤立存在，而是全球大气环流系统中的一个不可缺少的重要组成部分。仅仅人工绿化沙漠地面是绝不可能改变全球大气环流和消灭这个高气压带的。因为这个高气压带控制下的地区中，大部分正是浩瀚的大洋。

世界上除了热带纬度回归沙漠带的沙漠外，还有温带纬度上的沙漠，但面积比回归沙漠带的小得多，主要是包括我国西北地区在内的中亚沙漠。中亚沙漠的形成，是因为它位居欧亚大陆中心，西北距大西洋和北冰洋万里之遥，东南方又因太平洋上的水汽鞭长莫及，就是离得最近的印度洋，也因海拔四五千米的青藏高原和更高的喜马拉雅山脉阻隔，水汽无法到达。

此外，还有较小规模的局地沙漠，例如美国西部山区之中的盐湖城沙漠。它的成因是该纬度上的盛行西风带，被几道垂直于风向的南北走向高大山脉拦截，气流中的水汽大部化为降水降落在迎风西坡上，而背风坡一侧干燥焚风效应的叠加使这里雨水稀少。

可见，只要青藏高原和美国西部山脉还存在，中亚沙漠和盐湖城沙漠就不会被消灭。

实际上，如果我们消灭了地球上的沙漠，也就是消灭了地球上的干旱生态及其动植物，而干旱生态又是地球生态链中不可缺少的一环……

所以，我们明白，我们消灭不了沙漠，而地球上也是不可能没有沙尘暴的。

南极寒洋流和热带大陆共同制造的世界最奇异的纳米布沙漠气候

我们知道，世界上任何事物都因它矛盾的特殊性而区别于其他事物，事物矛盾的特殊性越强，这个区别就越显著。非洲纳米布沙漠就因此被称为世界上气候最为奇异的地方之一。

纳米布是一个南北狭长形的沙漠，位于非洲南部纳米比亚的大西洋沿岸。从南极北上的世界两大最强冷洋流之一的本格拉寒流，流经位于热带纬度的纳米布沙漠沿岸，这"一冷一热"，造成了下面要说的第一、第二和第三种奇异气候；本格拉寒流和从南非高原下吹的堡风相配合，又一组"一冷一热"造成了下面第四种奇异气候。这些都是世界气候中的奇迹。

一、热带纬度上的温带气候

由于本格拉寒流显著降低了东邻纳米布沙漠的气温，使热带的纬度上出现了温带的气候。例如位于南回归线附近的鲸湾，年平均气温只有 15.4 ℃，全年最热的 2 月平均气温也只有 18.4 ℃。热带纬度上出现温带气温，这是第一对矛盾。

二、沙漠竟与海洋为邻

世界上的沙漠，一般都位于内陆。纳米布沙漠却紧靠海边，而且年降水量少得惊人:靠海岸150千米内的地区约在100毫米以下,沿岸更少,为20毫米以下。例如鲸湾就只有15毫米,鲸湾以南约400千米的卢德里茨仅有17毫米。它们已和撒哈拉大沙漠中最干燥地区的年降水量差不多了。

还有,由于本格拉寒流中大气下凉上暖,气层稳定,上下对流几乎停止,所以不仅雨日少,雷也少。纳米布沙漠南部年平均雷日数仅在5天以下,和撒哈拉沙漠同是非洲打雷最少的地方。沙漠与海洋为邻;热带沿海和内陆沙漠的雨日和雷日一样少,这又是两对矛盾。

三、“天上无雨地面湿”与“最高气温在上午”

夜间,纳米比亚热带内陆较暖的空气一流到本格拉寒流冷凉的海面上(陆风),就凝结出低低的层云和海雾的“长堤”。等到接近中午时分,雾堤随海风登陆入侵内陆,雾露浸润地面,天上无雨地面也湿。因此,这里降水量虽等同于沙漠地区,可是却没有沙漠地区的干旱,植物种类比真正的沙漠丰富得多。

由于寒流降低了海温,使白天海陆温差增大,因此这里海风特别强劲,风速常可达15米/秒左右。海上涌起大浪,陆上发生沙暴。因此流动中的沙丘掩埋铁路和公路的事时有发生。而且,由于本格拉寒流带来的海风温度很低,所以纳米布沙漠中凡海风所及的沿海地区,每日最高气温不是出现在通常陆地上的午后二三点钟,而是发生在冷凉海风登陆之前的上午11时左右。

天上无雨地面湿,最高气温不出现在午后而在午前,这又是两对矛盾。

四、全年极端最高气温恰恰出现在隆冬

南非西部沿海有一种十分奇怪的堡风。冬季中当大西洋上移动性高压冷气团从西南北上,进入南非内陆高原停滞并暖化变性时,堡风就从南非高原流向大西洋沿岸低地,并在下沉过程中不断压缩增温。因此,堡风是一种焚风性质的地方性风。特别是当西侧大西洋有低压经过,沿海地区气压梯度很大时,堡风就变得特别强烈,

风速常可达到 10～15 米/秒。这种强烈的堡风常使大片地区气温在隆冬也升到 30 ℃以上。例如 1964 年 8 月 5 日，南非正值隆冬，西岸诺洛斯港的最高和最低气温分别为 14 ℃和 4 ℃，可是第二天堡风一到，7 日最低气温和 8 日最高气温分别骤升到 22 ℃和 35 ℃！那里隆冬甚至曾有过 41.8 ℃的最高气温纪录。堡风的出现使得这些地区全年最高气温常常戏剧性地出现在隆冬季节之中，这又是一个冷热矛盾，且是别的地方不可能出现的、世界唯一的奇异冷热矛盾！

为什么干旱也是资源

——从华北“春雨贵如油”说起

由于干旱会使作物减产，因此干旱几乎成了灾害的代名词。其实并非如此，我认为，干旱还是一种资源。让我们以华北春旱为例。

华北春旱时节的雨“价比黄金”

华北是我国冬小麦的主产区，可是那里却“十年九春旱”。如果小麦灌浆期少雨，麦粒灌不上浆，即使前期生长一切良好，小麦丰收也会泡汤。所以在自然条件下，冬小麦的产量几乎和降水量成正比，因而才有“春雨贵如油”“下雨等于下粮食”之说。

“春雨贵如油”最早可能是从“春雨如膏”来的。“膏”形容春天雨水可以像脂膏一样滋养农作物。据《左传》记载，鲁襄公十九年，鲁国季武子出使晋国拜谢出兵帮助时曾说：“小国之仰大国也，如百谷之仰膏雨焉！如常膏之，其天下辑睦，岂惟敝邑？”宋代《至治集》中还有“春雨如膏三万里，尽将嵩呼祝尧年”之句，后来才转化成了白话的“春雨贵如油”。例如清代李光庭《乡言解颐》中说的“春雨贵如油，膏雨也”。

2012 年，阎崇年先生于《百家讲坛》中讲大故宫时曾说到，慈禧太后钦点的清朝末位状元刘春霖，主要是因为当年春季特旱，喜其名吉利而取的。其实我想，“春霖”之名多半也是因为他诞生地多春旱，为盼春雨而起的。

历史上对春雨价值评价最高的，可能要数明代的大学士解缙。《解学士诗话》

中，有如下一段：君王见三月（阴历）下雨，宣解缙问“此雨价值多少？”解缙奏曰“墙院玉阶湿，地下利能深（下渗增加土壤湿度）。问臣多少价，遍地是黄金！”

“春雨贵如油，多了又发愁”

不过，我国却并非处处都“春雨贵如油”，“春雨贵如油”主要指华北平原及其周围地区的事。

1967年春夏，我受派到黑龙江省嫩江地区甘南县太平大队蹲点，总结当时中共中央候补委员、全国劳模吕和的看天经验。大队书记吕和根据他多年积累的“看天看地种庄稼”的经验，使太平大队粮食产量始终比周围地区几乎高出近一倍。

我一到当地，就听说当地也有“春雨贵如油”的农谚，只不过后面还加上了一句“多了又发愁”。

原来，黑龙江嫩江地区的春天虽也偏旱，但因当地纬度高，气温本已比华北低了不少。因此如果春天再多点阴雨，阳光热量减少，就会使地下冻土融化慢，种子不爱发芽。即使发了芽，生长也慢。生育期延迟的结果，到了秋天作物还未成熟时就遭到霜打，收成便很差（农业气象学中称之为“延迟型冷害”）。所以说春雨“多了又发愁”。

蹲点结束后我总结得出，吕和经验成功的原因，从利用农业气候资源角度说，主要在于他能根据当地立春节气后一段时间内带雨东风出现的频率，比较准确地预测当年春夏季节降水量偏多或偏少，从而合理地安排种植庄稼种类，最大限度地增加农作物产量。例如，带雨东风频率低的，即少雨高温年多种喜热耐旱的高粱等高产作物；带雨东风频率高的，即多雨低温年则多种喜湿耐低温的大豆，大豆产量虽然稍低些，但可保证有收成。回局后，我专门另外总结了《吕和经验中的唯物辩证法》一文（这也是我第一篇哲理论文），获得了领导“活学活用毛主席著作”的表扬。

其实，华北地区春雨多了也会发愁。只不过降水量的阈值比东北地区高许多罢了。例如，1964年华北春雨过多，引发冬小麦大面积锈病，也大大减了产。

更有甚者，我国新疆地区还有“下了就发愁”的。这是因为干旱地区庄稼主要依靠引水灌溉，土壤中盐碱较重，而当地偶有的春雨一般又下得很小，湿一下地皮对庄稼并没有什么作用。可是雨后盐碱在地表形成土壤板结，会影响种子出苗。因此雨后反需紧急中耕松土，助苗拱出土表。灾情严重时甚至还要重新播种，农业气象学中称之为“雨害”。

干旱为什么不是资源？

由于干旱能使作物减产，因此一般都认为是绝对的灾害。其实不然。

因为作物生长必须同时具备4种资源。其中水分和二氧化碳，在阳光的参与下，经光合作用制造干物质（作物茎叶、籽粒等）；热量用于保证作物顺利度过各个生育阶段和不受冻害。

干旱发生时，实际上只是水分缺乏，而阳光、热量资源，反而因为干旱时云雨少而更加丰富。过去没有灌溉的冬小麦，旱情严重时亩产只有几十斤，而有灌溉的田块亩产可达几百斤，比无灌溉条件下正常年景还要高产许多。这就是此时阳光、热量资源特别丰富的缘故。所以，干旱难道不是资源？

上述黑龙江嫩江地区甘南县太平大队，春旱年份也是因为阳光、热量充足，才可以种需热量多的高粱、玉米等高产作物，而春雨偏多的年份反而不能。这春旱不是资源？

我们再看西北干旱地区。这里因为纬度比东北低，雨量也更少，干旱增加的阳光、热量更多了。吐鲁番盆地广植需热量很多的长绒棉（我国只有这里能生产长绒棉），而同纬度上东北地区连普通棉也长不好。这干旱不是资源？

干旱还有一项特殊的“本领”，可使瓜果特别甜美。因为干旱时昼夜温差特别大，白天高温，瓜果可以制造更多的糖分，而夜间的低温则使白天积累的糖分消耗降到最低限度。干旱使新疆地区的瓜果糖分比东部地区平均高出1/5。因为，据研究，生长期中平均昼夜温差每升高1 ℃，或日平均气温积累每增加500 ℃，就可使瓜果糖分增加1%（新鲜瓜果糖分一般最多也只有10%～20%）。这就是东部地区的瓜果引种新疆后糖分显著增加，而新疆瓜果引种东部地区之后糖分立刻显著下降的原因所在。这干旱难道不是资源？

实际上，可以说，世界上产量最高、质量最好的作物也都生长在有灌溉的干旱地区。例如,埃及的长绒棉、澳大利亚的小麦、以色列的鲜花和蔬菜,以及我国吐鲁番的葡萄、哈密瓜,等等。如果没有了干旱气候,即没有了特别丰富的阳光、热量,也就没有了以上高产优质的经济作物。

说到底,即使没有灌溉的内陆干旱地区,也广泛生长着许多耐旱的高级经济作物和药材(湿润地区不能长或长不好)。例如甘草、发菜、沙棘、枸杞和肉苁蓉("沙漠人参")等,而且其中有的已经发展成了大产业(沙产业)。干旱难道不是资源?

2012年2月22日《科技日报》还有一篇《白霜(白色盐碱)变真金白银》的报道。在干旱、盐碱、海滩地上培育出了不用农药、不用化肥,可只用海(咸)水灌溉的蔬菜海蓬子(可用来减肥),国际市场价每磅8美元。深加工产品"海水蔬菜调味品"每瓶(35克)14.8欧元。海蓬子特别耐旱的特性还可用于干旱地区大面积绿化。2011年"绿海碱蓬1号"已经覆盖了干涸的内蒙古查干诺尔3万亩湖底(项目已在内蒙古通过鉴定)。所以正是应了那句俗话:"世界上没有废物,只有尚未认识的资源!"

再说远点,地球上正是因为有了干旱气候,才诞生了多种多样的耐旱动、植物,从而大大丰富了地球上的生物多样性。地球上,也正是因为有了形成回归沙漠带的副热带高压带,才会有现今地球大气三圈环流和世界气候带的分布。

用《矛盾论》主要观点看地球大气的冷热矛盾

“矛盾”这个词来源于两千多年前《韩非子》里的一个典故：有一个楚国人拿着矛和盾两种兵器在大街上叫卖。他先拿起矛说，我的矛锋利无比，任何坚硬的东西都能刺穿。然后他又拿起盾说，我的盾是天下最坚硬的，任何东西都穿不透它。刚说完，旁边就有人问了，如果用你的矛去刺你的盾，结果会怎样呢？那个楚国人被问得张口结舌，答不上来。

矛盾的普遍性和特殊性

实际上，矛盾就是两个对立的事物。冷热就是一对矛盾。例如在地球上，赤道和极地，海洋和陆地，山坡和坡前同高度上的自由大气，城市和乡村，室内和室外，人体内和外……都存在着冷热差异或者说冷热矛盾。冷热矛盾无处不在。而且，这种矛盾还随季节、昼夜和天气而随时变化。这就是气象学中冷热矛盾的普遍性。

但是这些冷热矛盾的性质却又各不相同，这称为矛盾的特殊性。例如，地球赤道和极地间温差矛盾产生的是地球大气三圈环流；而海陆之间则产生季风和海陆风环流；城乡之间产生的是热岛环流、乡村风，等等。即使同是季风，由于地理环境的不同，东亚、南亚和北非季风也表现出各自显著不同的特点。例如东亚季风使我国及紧邻地区对人体而言的冬冷夏热对比世界第一，南亚季风则使南亚地区冬少雨夏多雨对比世界第一，北非季风则造成了北非冬干夏湿对比，即相对湿度年较差对比世界第一。

实际上，正是有了矛盾的特殊性，才使事物具有不同的性质，使彼此之间能够识别，也才使得世界如此缤纷多彩。而且，矛盾的特殊性越强，形成的气象现象也越特别，以致成了人们称之为奇迹的东西。前面我们举的南非纳米布沙漠，就因其世界最强冷洋流和热带纬度地理位置的特殊组合，而形成了世界上最为奇异的气候。

下面再补充一个沙漠和降水这对尖锐矛盾组合之后发生的一些趣事。

这个例子发生在非洲之角撒哈拉沙漠的边缘地区。由于这里邻近海洋和赤道，沙漠边缘地区仍常有较强阵雨发生。而在热带沙漠里，因为热量丰富，有水即有生命。阵雨刚过不久，大地就会泛出青绿色，生存能力极强的草类快速生长，一片绿色的"春天"迅速代替原先的枯黄世界。短命的草类在几天之内就可以完成它的一生。等到雨水蒸发完毕，草籽成熟，植株便枯萎了，然后等待第二次"春天"的到来。这里的"春天"来去匆匆，有时几年都没有一个"春天"，而有时一年中却可以有几个"春天"，这就要看一年中下几场雨了。至于树木，它当然不可能靠一两场雨而生长，因此这里的森林只分布在河流沿岸 1～2 千米的宽度带内，被形象地称为"走廊森林"。尼罗河的走廊森林千里蜿蜒，向北直入地中海海口。

那么，矛盾的普遍性和矛盾的特殊性之间，又有什么联系呢？

通俗地说，就是共性和个性之间的关系。例如，世界上有黑猫、白猫、黄猫和花猫之分，这就是个性，就是矛盾的特殊性。而共性就是猫，因为黑猫、白猫、黄猫、花猫都是猫。所以说矛盾的普遍性存在于特殊性之中。试问，如果没有了赤道和极地之间的冷热矛盾，海陆之间的冷热矛盾，山坡和坡前大气之间的冷热矛盾，城乡之间的冷热矛盾……世界上哪里还会有"冷热矛盾"呢？或者说，没有了白猫、黑猫、黄猫和花猫，世界上哪里还会有猫呢？

主要矛盾和矛盾转化

在诸多矛盾之中，彼此也并不是"半斤八两"、位置同等重要的，其中必有一个最重要的，也就是能影响和决定全局的矛盾，这个矛盾叫做主要矛盾。例如，在上述世界诸多冷热矛盾之中，赤道和极地间的冷热矛盾，就是地球上众多冷热矛盾中的主要矛盾。

说它是主要矛盾的理由是：第一，它所在的范围是整个地球，因此它的规模最大，其他冷热矛盾都是以它为基础而存在的。第二，赤道和极地间的温差是世界上最大的，因此它形成的三圈大气环流的总能量也是世界上最大的。第三，也是最主要的，赤道和极地间的冷热矛盾来源于太阳，太阳是全世界生命和生态发展的总能源，一旦太阳熄灭，地球将成为一个死寂的世界，不再有一丝一毫的"风吹草动"。此外，人类活动造成的大气温室效应的增强，使赤道与极地间温差减小，大气三圈环流减弱，从而影响到地球生命、生态和环境的全局，则又从另一方面证明了赤道和极地间的温差是地球上冷热矛盾中的主要矛盾。

矛盾在发展到一定阶段，或者在一定条件下，是会发生转化的。矛盾的转化，实际上就是矛盾的主要方面发生了转化。对人类社会而言，就会发生有利向不利方向转化，或者相反。

以台风为例，台风气流刚刚登上大陆时，会给沿海地区造成大风灾害。但随着深入内陆，风力减小，台风携带的大雨却可缓解以至暂时解除我国南方盛夏大范围的伏旱。这就是沿海地区的风灾到内陆转化为雨水资源的例子。再如，沙尘暴对当地是大灾，但是吹到天上可以抑制全球变暖，吹到下游可以中和酸雨，等等。北非的哈马丹风南下到了赤道，因其干爽清凉而能使暑热病霍然而愈，因而还被当地称为"医生"。这些都是利害可以在异地空间发生转化的例子。

此外，人类活动也可造成矛盾转化。例如人们砍伐森林，开垦草原，都可能造成气候的干化甚至局地沙漠化。而人工造林，恢复草地则会造成相反变化。在干旱地区引水灌溉使之成为富饶绿洲，更是变大害为大利。人工建设小丰满水电站，在低于－20 ℃的严寒天气下，制造出 4 ℃的温水，激化了当地大气的冷热矛盾，使吉林诞生冰雪美景"吉林雾凇"等。当然，后者属于"无心插柳柳成荫"，乃意外惊喜，但也是冷热矛盾转化所致。

但是，由于客观情况常常是十分复杂的，因此在人与自然界发生矛盾，采取人为措施解决矛盾时，也要因地制宜，不能"一刀切"。

例如，为了解决近年来因降水量偏少且草原载畜量增多，造成草原退化的问题时，禁牧(牲畜实行圈养)无疑是最有效的措施。它能有效地使发展牧业生产和保护草原生态这个矛盾向有利方向转化。就像禁渔可以让鱼长大了再吃一样，禁牧可以使牧草长高后供更多的牛羊采食。因为根据调查研究，只要在 4—7 月内禁牧，牧草的生物产量可以提高2～3倍。

但据《科技日报》2003年1月13日载，新华社记者访问内蒙古鄂托克前旗的牧民时，牧民就指出禁牧要区别对待，否则会造成浪费草原资源的结果。他们说，对于多雨的年份和沙化不十分严重的地区，秋冬季节的枯草可以用来放牧，因为不仅不会影响牧草来年返青，而且畜粪还可提高地力，增加牧草产量。否则冬季几场大风把枯草刮走，这些牧草也就浪费了。也就是说，禁牧应该分地区、分季节、分年景，区别对待，灵活掌握，不必全年一律禁牧。这就是哲学中"具体问题具体分析是唯物辩证法活的灵魂"说法的体现。

内因和外因

矛盾发生转化时往往有许多原因，在哲学里一般归为内因和外因两类，或者称为内部矛盾和外部矛盾。哲学中说，内因是转化的根据，外因是转化的条件，外因通过内因而起作用。这好比在一定温度下(外因)，鸡蛋(内因)可以孵出小鸡，而一定温度下的卵石却孵不出小鸡来。

在气象学里，外因通过内因起作用使矛盾发生转化的例子，最典型的莫过于人工影响天气了。大气中降水有一定的客观规律。人工向冷云中撒播干冰或碘化银等催化剂(外因)，因为符合冷云中的云雨生成规律，便可以魔术般地在冷云里出现降水。但这些催化剂在暖云里却降不下雨来，因为它们的内因是不同的。暖云人工降水要用吸湿性粒子作催化剂，而且要在云的最上部而不是云的内部播撒。

人类大量排放温室气体这个外因，通过大气温室效应这个内因，可以造成全球变暖的严重后果。但如果仅靠人类活动如工业、交通等直接排出的热量加热地球，即不通过内因起作用，便仅仅能产生城市热岛效应，因而对全球变暖的贡献微乎其微。

量变到质变规律

最后，当矛盾发生转化之时，一定会遵守量变到质变的规律。

例如，由于城市大气污染，城市中雾的成分便逐渐发生改变，最终会生成干雾、酸雾和烟雾，即发生了质变。我国北方春季干旱，因而“春雨贵如油”，可是到了东北北部，春雨如果过多，降低了气温，那便不仅不“贵如油”，反而成了低温灾害，变成“多了又发愁”了！再如，台风本是降暴雨的天气系统，气流潮湿，但是当它经过高大山脉时，因焚风效应最终也会变成高温而干燥的气流，使沿途庄稼受害，以致引发大火灾等。

但是，矛盾从量变发展到质变的过程，常常不是“和平过渡”(渐变)的，而是发生了剧变。例如，水温降到 0 ℃水会结冰，水温升到 100 ℃水会沸腾；大气中相对湿度升到 100％时会突然出现云雾。再如，台风中心过境时，从狂风暴雨最猛烈的台风眼壁出来，进入晴朗无风的台风眼区，也只是很短时间内的事。

而且，矛盾的转化有时还可引起严重的生命和财产损失。这里只举一个海上捕捞的例子，因为它在矛盾转化时的速度也是很快的。

浙江舟山渔场是我国近海的最大渔场。当地最大的渔汛发生在冬末春初季节。当盛行东南风时水温上升快，鱼群会大批集中在这个冷空气到来之前的暖水区里。这时捕捞可以获得大丰收。1960 年春，舟山渔场因为天气预报准确，多争取了 6 个小时的生产作业时间，结果光大黄鱼就增产了 10 万担①。

可是，这东南风最强、水温最暖的时候，恰恰也是西北寒潮大风即将来临的时候。天气谚语“南风刮到底，北风来还礼”，说的正是这种温带气旋过境，温暖的东南风被强烈的寒潮西北大风代替的过程。寒潮冷空气大风一到，立刻海浪滔天，如果贪多打鱼而来不及回港避风，小渔船就会葬身海底。据 1947—1948 年两年对浙江省的统计，就有 1023 个渔民死亡。当地民谚“海上尸首逐波浪，岸上亲人望断肠”，说的正是这种事情。当然，1949 年以后，特别是成立了舟山海洋渔业气象台以后，这种事故就极少发生了。

本书写到这里就告结束了，但是要写的内容还很多，这又是一个矛盾。因为气象学中充满了矛盾和矛盾的发展史。但是限于篇幅，本书哲理部分只抓了以上这 4 万字的“主要矛盾”。但究竟是不是主要矛盾？由于作者水平有限，时间仓促，难免会有某些不妥，以致出现“以子之矛攻子之盾”的矛盾之处，还望读者不吝指正。

---

① 1 担＝50 千克，下同。

后　记

编完本书，我整整80周岁，也是我在报刊上发表第1篇文章的第57年。

我于1959年从南京大学气象系气候专业毕业，接受国家分配到中央气象局，由局分配到气候资料研究室研究科工作。1960年国务院机构精简，又进入到中央气象科学研究所(后改院)气候研究室工作。我一辈子从事中国气候方面的研究，科研和科普、专业和业余，都是这个方向。

本书的分编

回顾我57年从事科研和科普工作的历程，从大的方向分，大体上有以下三个阶段。

第一个阶段可以叫科学(知识)阶段，具体就是"发现事实、寻找联系"，即了解和研究中国气候时空变化规律的阶段。我在这个阶段最重要的发现就是，中国主要的大范围气象灾害和中国主要气候资源间存在内在联系，即它们共同存在于大陆性季风气候之中。灾害和资源是大陆性季风气候这个矛盾的两个方面，对立而又统一，可以互相转化。最早提到这个概念是在我的《谈谈我国的严冬》(《人民日报》1963年1月19日)一文。因为大陆性季风气候不是一架机器，季风雨带进退正常就是气候资源，进退异常就会造成大范围气象灾害。这个发现实际上也是我进入第二阶段(哲理阶段)的标志。

第二阶段大体开始于1967年。该年3－9月，我被派到黑龙江蹲点，总结黑龙江省嫩江地区甘南县太平大队党支部书记吕和的“看天看地种庄稼”经验中的“长期天气预报经验”。劳动模范吕和是当时中共中央候补委员，他的经验使他大队的粮食亩产量达到300斤左右，比周围地区几乎高出一倍。我在总结他长期天气预报经验的同时，也总结出了《吕和经验中的唯物辩证法》。这是我的第一篇哲理文章，这篇文章还获得了当时领导“活学活用毛主席著作”的表扬。我的哲理著作比较集中的是2003年中国少年儿童出版社出版的《环球凉热》，是我和老伴张辉华合作完成的。主要是以《矛盾论》中的主要观点，来分析地球上的冷热矛盾。我的最新哲理著作就是本书哲理编中的首文《中国气候对中国传统文化影响的哲理思考》。

第三个阶段，可称为文化阶段。大约开始于20世纪90年代后期，在写《气象与生活》（江苏教育出版社，1998年，后凡异出版社购买版权，在台湾出版，2000年），研究“春捂秋冻”等健康谚语时，猛然发现这些已属民俗文化范围。因而一发不可收拾地研究了中国气候影响传统文化的许多方面（如二十四节气、园林、古诗词、中医与养生等）；主要内容集中在《气象万千》第5版（湖北科技出版社，2014年）之中。文化阶段中另一方面研究内容是，用气象科学知识解释古诗词、成语中的气象原理，以及发现其中的科学错误，甚至可以仲裁文学界内的有关争论。例如，我依据气象学原理指出苏轼《登州海市》诗并非造假。

因此，本书也按这三个方面，分为《科学编》《哲理编》和《文化编》三个部分。每部分3～4万字。

关于书中文章的一些说明

首先，上述哲理部分首篇文章，是本书中篇幅最大、内容最丰富的文章。本是中国科普作家协会专门组织的文集《科普之道——创作和创意新视野》（科普出版社已于2016年10月出版）的主编尹传红先生（《科技日报》评论理论部副主任）的约稿，他希望我把过去“中国气候对传统文化影响”的研究进一步总结整理，进入这本文集之中。因为关于此问题他过去采访过我两次，都有长文发表。不久后，中国气象局副局长许小峰先生，在《中国气象报》（2015年12月25日）上，对我《气象万千》（第5

版)发表了一篇书评《气候有短长,何以定弱强》,文中还提出了有个重要问题没有展开,因此我也需要写一篇答谢性文章。这样两个推动,才有了本文。《气候对我国传统文化的深刻影响——兼答谢许小峰先生〈气候有短长,何以定弱强〉书评》,就是本文的缩写,发表在了 2015 年 7 月 23 日的《中国气象报》上。后来,我的认识又有了发展,有了第五次认识飞跃,作为“中国气候影响传统文化系列”,分 6 次发表在 2017 年 6—9 月《中国科学报》李芸主任主编的周末版上。

《科学编》中第一篇《吐鲁番盆地、艾丁湖气象科学考察研究记》是我科学考察方面的代表作。我一生中几乎走遍全国各省,去过很多气象站,每次出差旅行,几乎都会写一篇科学考察性文章。吐鲁番盆地是个很特殊的地方,是我国海拔高度最低(-154 米)、盆地地形最深陷、气候最干旱、夏季最高温的盆地。我前后去过三次,其中最值得指出的是,2009 年夏《中国国家地理》杂志社组织“极限探索”科考活动,会上我建议去艾丁湖进行“热极”考察。根据这个目的,我设计了那次科考,并作为随队专家进行科学指导。结果果然获得了我国极端最高气温的最新纪录:49.7 ℃。由于我建议了主办方,气象观测由当地吐鲁番气象局按国家气象观测规范进行,因此此极值数据是具有权威性的。

《四川盆地——不典型的海洋性气候》是我写作时间历时最长、曲折最多的一篇文章。说它曲折,是因为我对四川盆地的气候归类的认识,从大陆性气候,到海洋性气候,到不典型的海洋性气候;说它历时最长,是因为首次发表是在《地理知识》1978 年第 8 期,1985 年收入我的专著《中国气候》后,“四川盆地是海洋性气候”这个结论多次被我国高校地理教材所采用。但 2015 年《气象知识》第 4 期上,我的新结论又是“不典型的海洋性气候”。我认为最后这个结论才是正确的。其实,这也很好理解,它本也不在海滨或海洋之中,当然就不典型么!

此外,《科学编》中《亲历“魔鬼城”》一文中,我解释了为什么新疆克拉玛依魔鬼城周围并没有狭管风口,却形成了狭管大风型的魔鬼城的地形。《孔子能够回答〈两小儿辩日〉吗》一文,则回答了古代不可能回答的“亘古矛盾”:太阳早晨离我们近,还是中午离我们近?因为太阳看起来早晨大,而却到中午热力最强,等等。

《文化编》中《异事惊倒百岁翁》一文,是我在古诗词和成语研究中,开始从解释走向指误,甚至“仲裁”文学界纠纷的阶段。苏轼的《登州海市》诗历来颇受争议,因为他仅在登州待了 5 天,且为初冬时节,就看到了蜃景。但蜃景常常几年也不出现 1

次，且一般只在春末夏初出现。古今支持苏轼者，主要是因为苏轼的人品好不会造假；而我则是从科学原理出发，从他诗中找到了科学证据。

不过，有意思的是，当我满怀信心地把《异事惊倒百岁翁》一文发到《中国科学报》当时的文化周刊时，却不被看好，责任编辑让我压缩至1500字以内再来试试。但当我再发去时，她已调走离开报社。接手的李芸女士（今《中国科学报》周末版值班主任、主编）让我从原基础上补充修改，基本上恢复了原来篇幅（发表于2012年6月22日），也就是本书中现在这个样子。本文的主标题也是她给加的。

《哲理编》中，除了首篇长文外，还有两篇要说上两句。

《沙尘暴告诉我们的不仅仅是灾害》一文，是我运用一分为二的观点，分析大型气象灾害的第一篇文章。该文是我在国家图书馆有关阅览室花了接近3周的时间，查阅国内外许多资料写成的。当时社会上对沙尘暴的态度，几乎都认为其是“洪水猛兽”，我第一次给它“翻了案”，指出它也有五大好处，而且这些好处也非小事。文章发表在《科学新闻》（中国科学院机关刊物）上，时间大约为21世纪初（具体待查）。发表后不久，我又发表了《地球上大型沙尘暴是消灭不了的》（已收进本书《沙尘暴告诉我们的不仅仅是灾害》一文的最后一部分），主要是从形成地球上回归沙漠带的副热带高压带是不可能被消灭的角度，阐述了大型沙尘暴无法被消灭的观点。大概因为引起的争议太大，不久后中国科协还专门正面发表有关声明——地球上大型沙尘暴是不能被消灭的——登在了报上。但发表具体时间待有时间查明。

另一篇《为什么干旱也是资源》，它最初发表时的副标题并不是“从华北‘春雨贵如油’说起”，而是“从2010年云南等西南地区百年不遇的春旱说起”。那次因为旱得十分严重，引发全国关注，因此报社总编辑发表时考虑再三，还是把大标题“干旱为什么不是资源”改成了“从另一个角度看干旱”。其实，世上本无绝对坏的事物，主要看我们会不会利用，科学技术是否发展到了那个程度。

最后一篇《用〈矛盾论〉主要观点看地球大气的冷热矛盾》，乃是我和我夫人张辉华女士合作的《环球凉热》（2003，中国少年儿童出版社，《矛盾着的世界》丛书之一）中的“简单的结论”部分。主要因为内容相对全面才收进本书的，只是因为时间关系，这次没能进行全面修改和补充。

关于本书书名

我一生共写过20多部科普著作(含任主编的著作),起书名一直是个颇为为难的问题。

本书的书名,我的想法有二。一是干脆取书中某一篇文章的题目作书名,这也是一般常用办法之一。如按此法,我想取的是《为什么中医(和中医养生文化)只能诞生在中国》。因为这个问题,在我的印象里,是没有人写过的。因为对中医学者而言,常常"不识庐山真面目,只缘身在此山中",他们不了解世界气候;气象学家更是"局外人","老虎吃天,无处下口"。而且,这个问题还很重要、很新颖、很令人关心,常能使人眼前一亮。但是这个想法的缺点,从内容上说是以偏概全,所以加上副标题"林之光科学文选",就比较全面。第二个想法是起个概括性强的书名。我想的是《(一位)气象学家眼中的中国》。这是由于近些年《舌尖上的中国》火遍大江南北,想借这个热来热热本书。既然是气象学家眼中的中国,自然无非是"春夏秋冬,干湿寒暑",加"一位"只是为了谨慎,可以去掉,因为书名总是越简单越好。

之所以副标题中不用"科普文选",是因为我对"科普"提法的有所考虑。因为"科普"一词,往往被理解为普及一般性科学知识,普及"别人"的东西。而我的文章主要只叙述我自己的科研和思考的成果,我一般都是用写论文的要求来写科普文章的,即从内容上说,实际上是小型或微型的论文。尽管可能文章水平不一定高。

真诚的感谢

首先,要感谢的是气象出版社。我和气象出版社有很深的渊源。我的第一本自选集《气候风光集》正是气象出版社1984年出版的。后来,我还和他们一起编了《气象知识丛书》和《应用气象丛书》,两部丛书我都是副主编,我还写了前套丛书中的一本《中国气候》。

大约几年前,气象出版社要出一套气象科普丛书,胡育峰主任邀我写其中一册,但因内容不是我主要研究的方向，所以又不得不辞谢了。但表示今后有可能写一本我力所能及的书，得到了胡主任的谅解。一晃几年又过去了，我已进到耄耋之年，且有严重眼病，意识到再不写可能就没有机会了。因此在封笔之前拟为他们编一本篇幅不大的自选集，得到了胡主任的欢迎。这就是本书的由来。“篇幅不大”指正文纯文字控制在10万字，以免出版社经济上亏损太多。这里还要专门说到，我非常感谢中国气象局副局长余勇先生对本书的重视和大力支持。

其次，要感谢给我出版本书的责任编辑和编辑室主任。感谢气象出版社胡育峰主任、邵华主任，感谢本书责任编辑颜娇珑女士和胡育峰主任出色的编辑工作。

过去商店老板称顾客为“衣食父母”，我也这样称报社、杂志社、出版社的责任编辑和主任们。因为我所有的职务、职称、荣誉、地位，例如我评上研究员，当上研究室主任、总编辑，都有出版社、报社、杂志社等编辑和主任们发表我的一篇篇文章、一本本专著的功劳。因为我的专长在科研，不善于行政领导工作，所以当1994年中国气象局进行司局长大调整时，已定我继续留任的情况下，我仍主动向温克刚局长申请辞去报社总编辑职务（这在气象部门过去是很少有的），回到气科院继续从事科研工作。这也因为，当时我即将达到报社任职的退休年龄，而研究员的退休年龄是可以延长的。

在本书所选的文章中，多数发表在《中国科学报》周末版上，感谢该版主任、主编李芸女士，我很早就是她版面上《气象万千》的专栏作者。该版面的责任编辑温新红女士，还登过介绍《气象万千》第5版（《湖北科技出版社》，2014）的专访文章。李芸主任给我的帮助太多了，这里只说一件，那就是我写文章遇困难时会请她帮我找资料，这也算作编创之间的一个佳话吧。

本书中次多的文章发表在《气象知识》杂志上。从杂志1981年出刊起，我就是编委。20世纪80年代末我也差点成了他们的编辑部主任。编委会、编辑部对我一直很关心，例如，从我眼病起，就免除我的审稿专家任务（每期好几万字），免除编委每期的审读、评分任务，一直到最近几年免除我在编委会上的评奖投票任务（也要看好几万字）等。特别是近两届编委会（主任是原局党组副书记、副局长许小峰先生）还聘我为顾问之一，这是多么高的荣誉！还有编辑部安排记者发了我的专访，这也是很难得的荣誉。谁说“墙里开花墙外香”呢？

在本书中还有较多文章发表在《科技日报》嫦娥副刊上。我对杨雪主编印象最深的有两件事。一是《咏大雪古诗中的科学性问题》(发时标题简为《咏雪诗的科学性》)一文中,我"批评"了李白、王维、杜甫和鲁迅先生等先贤,但她毫不犹豫照发不误。二是我为了编本书,请她帮忙找到了我发在《科技日报》1994 年 6、7 月间的《(北京)世界公园中的气象问题(上、下)》。可惜后来因为篇幅所限,书中收录的是另一篇《扬州四季假山——我国唯一用假山反映鲜明四季变化的园林》(这类公园全世界只有一个)。但若以后有机会还是会争取用上的。本书中《从气象学角度试评毛泽东词三首》则是通过另一位(届)主编句艳华女士之手发表的。编写此文时我体会到毛泽东思想是马列主义和中国革命实践相结合的典范,毛泽东诗词是文学和科学高度结合的典范。

当然,短短的后记不可能谢遍所有的责任编辑。还需要感谢的是中国少年儿童出版社薛晓哲主任,因为本书《哲理编》中的多篇文章出自或源自我于该社出版的《环球凉热》(2003)。该书的责任编辑是项敏女士。此外,本书中还有少量文章来自《气象万千》第 5 版(湖北科技出版社,2014),责任编辑是高然和刘虹先生。

再次,要感谢的是大夫。其中,最要感谢的是治我眼病的大夫,因为眼病决定了我能继续工作多久,眼睛是我的第二生命。2004 年我曾因撰写一份申报书,即为原中国气象局局长主编的一套科普丛书(18 册)申报国家科学技术进步奖(最后获科普最高奖,即国家科学技术进步奖二等奖),几乎三天三夜没有睡觉,导致眼部出现不适。发病后被同仁医院徐亮副院长诊断为青光眼(一种进行性的致盲眼病)。后因报销不便转到北京大学人民医院,慕名找到任泽钦主任医师,经他的精心治疗,左眼恶化相对较慢(现在视野尚有正常人的 82%,但从右眼病变经验看,左眼也即将进入青光眼病程的 S 形曲线的中段,即快速下降阶段),至今仍是工作主力,目前每天仍可坚持工作 3 小时左右(右眼已进入视野快速下降阶段,现在视野只有正常人的 55%)。不幸的是,2014 年底双眼摘除白内障后,右眼至今已发作虹膜睫状体炎 5 次(发病时眼压 40 百帕以上,如坠浓雾,夜间只见灯光),每次都要滴激素眼药水 1 个月,旧病又加新病。此外,人民医院眼科许多大夫都给我看过病,我的眼病也给中国气象局医院带来了不少麻烦。

作者林之光及夫人张辉华
年轻时广州合影

最后是感谢家人。我在好几本书的后记中都谢过我的夫人,同在中国气象科学研究院工作的张辉华女士，但总觉得谢得不够。因为我们同甘共苦了一辈子，没有她的支持和帮助，就没有我的今天。1978 年前，我们两人工资 111 元要养活一家四口(其中两个孩子全托费用就要 36 元)，还有负担双方老人平均每月 15 元的生活费。她不仅劳心，还劳力(我下班后多数时间伏案工作，常“呼之不动”)，我周日也很少带全家去公园。而且我还把家弄成了一个她大妹妹张恩慧称之为“报刊杂志废品收购站”的地方，酷爱整洁的她也容忍到了今天。我平时也很少关心她，例如感冒生病时我们都爱吃稀饭，我病时稀饭是她给熬的，但她病时则是她自己熬的。再如，每次外出到医院看病，她是一定陪同的，任泽钦教授曾多次称赞过她，鲍永珍教授还称她是我的“健康顾问”，要我多听“健康顾问”的话。我想，她也真是伟大，我们共同奋斗一辈子，

作者林之光和夫人张辉华 2016 年扬州合影

但成绩、荣誉却都只落到我一个人的头上。她是“无名无利”的无名英雄，连打电话时有时还要自称“林之光家的”，人家才知道她。这对一向自强的她，该是多大的“无奈”。

其实，在工作上她还是我的贤内助，尽管我们研究的具体专业不同。年轻时，我们经常一起讨论书稿、提纲。她是我文稿的第一读者，经常能发现一些重要问题，并提出很好的处理意见。因此，有 3 本书是我们共同署名的。她也曾组织两个女儿，为我 62 万字的《地形降水气候学》(科学出版社，1995)进行校对、整理手稿等。

现在她也年近 80 了，已经很少参加我的“具体”工作，但重要文章还是要看的，因此还常有一些讨论。例如，去年在讨论“一方水土养一方人”时，她坚持“一方气候养一方人”。我一想也对，她抓的是主要矛盾。以后有机会我会著文论证。她对完成本书尤为支持，曾免了我许多天的诸如洗菜、切菜和洗碗等家务劳动。

我们有两个女儿，都很孝顺。我看病去医院，都尽量开车接送。大女儿林晖住得远，也经常电话关心问候，重大节假日也都来团聚。二女儿林冰在局内工作，具体关心更多，尤其对我解决计算机问题帮助极大，有时报社急稿，找她帮忙打字；还有网上看病挂号、买药、买书等。可是她们小时候我却关心很少。例如，刚上初中就开始让她们自己包教科书的书皮，但却要她们给我糊信封。因为当时我寄发的信件、稿件要用不少信封，为了省钱，我们就自己糊。大外孙女已在清华大学美术学院就读，小外孙也已上初二。

几点感悟

活了 80 年，写了 57 载。愚者千虑，必有一得。

第一，年轻时不知天高地厚。大学毕业时一心想要把我国重要的天气气候规律用数理公式表示出来。年轻时写文章、写书，只改 3 遍就交稿了，不出错是幸事。现在写文章，要改十几遍才敢发。编这本书，读到了一二十年前的“得意”文章，也觉得仍需修改。收入本书的许多文章，许多也是经过了重大修改的。

下面说说，我过去收到的书稿清样中曾有两处最可笑的地方，即居然有“4 斤重担”和“9 分高兴”字样。原来，大气对海平面上物体的压力，大约每平方厘米 1 千克。

这样，我们整个身体上受到的大气总压力就相当“千斤重担”。但我的“千”字草写得就像阿拉伯数字的“4”，因此闹出了这个笑话。而“9 分高兴”则是“十分高兴”中“十”字，连笔草写得像阿拉伯数字的“9”了。一开始还觉得这是责任编辑对我的尊重，美滋滋的，后来才觉得这有可能是编辑对我草率写稿的变相批评！

第二，我一生勤劳，不敢懈怠。都说勤能补拙，笨鸟先飞。其实我觉得目前所取得的一点点成绩，勤劳只是一个方面；优越的客观条件，同样是我取得目前这点点成绩的必要条件。这一点我特别感恩国家和社会，以及有关领导。1953 年，我从纺织中专毕业，被分配在上海国营第 17 棉纺织厂当助理技术员。1955 年国家号召青年人报考大学，我所在的总机械部潘震三主任鼓励我深造，并给 2 周假期复习功课（当时我已是厂“超大牵伸试验研究小组”技术组成员），大学深造使我具有了初步的研究工作基础。大学一毕业就被国家分配到北京中央气象局有关研究单位从事中国气候方面的科学研究，这里有着全国最丰富的中外气象图书和全球气象资料，我得以专心研究中国气候 57 年。我个性喜欢哲学、文学，大学里又读了许多与中国气候景观有关的自然地理学基础课程，例如植物地理学、水文学、土壤地理学、地貌学、地质学、天文学等。我想，在气象部门有我这样经历及条件的人真是少之又少，我意识到了我的责任，意识到了研究中国气候对我国传统文化影响的意义（当然这些都是我自己的认识）。这就是我在耄耋之年又身患严重眼疾、面临失明的情况下，仍能努力办我的“后事”（该写的写出来，该编的编出来）的一个重要原因。这些话听起来虽然有些“悲壮”，甚至像唱高调、说大话，其实还真有这个因素在里面。否则，“些许稿酬、几日浮名”（如果有的话），或者纯为兴趣，都是绝对不值得以健康、以致盲去相搏的。

搞科研是需要经费的，但我的这种研究一般是得不到国家、单位包括经费在内支持的，要自掏腰包。我曾经写信给秦大河局长，他通过局党组成员孙先健同志找我，说明我这是“三无课题”，局里是不能列题拨经费的，但先健同志可以设法到有关单位要点“小钱”。我最后还是谢辞了好意。

还要提到，请我撰写、并给我出版《关注气候：中国气候及其文化影响》的中国国际广播出版社总编辑，中间他也曾通过责任编辑张婧女士让我把《气候对我国文化的各种影响》分解为多卷本出系列丛书，并建议我可以找学文的大学生帮助。但在具体组织、经费上，他也是无能为力的。

人人都有梦，我也有梦。我梦想 2～3 年阶段性完成我的“后事”以后，如果还有一点点视力（因为青光眼晚期管状视野阶段，即S曲线末段中心视力完全消失也相对较慢），我渴望学习和研究中国气候和中医的关系。因为中医太神奇、太伟大了。

第三，说到中医，我还有一个愧疚。因为在我最近几年的著作中，有一处关于“中医基础理论需要重构”的观点，经过近两三年的思考，我认为是不对的。当然，我的这个观点，都是认同我国权威中医专家的意见，不是自创的。但我现在认识到，中医的理论基础是不可能解构和重建的。

因为，从理论上说，西医是科学，科学可以日新月异地发展；但中医的基础理论不是科学，而是哲学，生命哲学，哲学是规律，是不变的。哲学由本体论和方法论构成，中医专家说，中医的本体论就是整体观，中医的方法论是辨证论治。“天人合一”的整体观实际上就是中国传统文化的主要精神之一，自然是不会变的。主要的方法论“辨证论治”，主要是通过“望闻问切”四诊，进行阴阳、虚实、寒热、表里“八纲辨证”。知征才可以治病。“望闻问切”所收集到的病人病理信息量是巨大的，例如大夫仅从望诊中的舌诊就可以大体知道病人何脏有病，程度如何，实在是比西医的几项化验要丰富得多（这里并非排斥西医，因为这是两类完全不同的信息）。因为人体是全息的，人的脏腑和外表有着密切和确定的联系，即所谓“病于内必形诸于外”。高明的中医大夫仅仅靠望诊，就可以对病猜个八九不离十。民间流传的“望而知其病者谓之神”，不是全部凭空捏造的。我想不出为什么要重构，我也想象不出还有什么更好的办法能代替它。

从具体方面来说，因为中医治病要通过阴阳、五行等具体方法。人体有病就是阴阳不平衡，五行就是通过互相制约（生、克、乘、侮），使阴阳趋于再平衡。这样病便治好了。中医五行理论是，把“木、火、土、金、水”五行，通过“肝、心、脾、肺、肾”五脏，与人体内外环境等方方面面建立联系，组成了中医理论的“中医脏象学说”。例如，对于致病外因的五季是“春、夏、长夏、秋、冬”，致病五气是“风、暑、湿、燥、寒”；致病内因的五志是“怒、喜、思、悲、恐”（例如怒伤肝，恐伤肾）；“五行”学说把人体和大自然环境中的方方面面，联系得如此广泛而精准，屡试而不爽。例如，中医说，黑色入肾，肾主骨，发为骨之余。我吃黑色食品二十多年，现今骨密度非常之高，头发密，弹性好，可是我这辈子几乎从不喝牛奶、不吃钙片。再如，中医说“肺主皮毛”。我大约60岁后，每年冬天都会复发老年性皮肤瘙痒。但当经常按压肺经后，近二年冬季中就很少发生严重瘙痒了。我是绝对想不出有什么别的系统能够代替它。当然，我不认为中医已是绝对真理，也不反对中医要发展，但发展的不是这些经典的东西。正如有些中医权威和前辈所说，几千年来中医博大精深的内涵具有超前性，到今天还有无穷的生命力，还有待我们继续挖掘和发扬。何谈撤换，另起炉灶。

第四，我对社会上科学文章中的错误一向嫉恶如仇。不管古之先贤、今之权威，只要有机会，就会进行批评。当然，尽管"师出有名"，但其中也难免混有炫耀自己的成分、"半瓶子水"的嫌疑。我倒不介意别人说我是什么"科学警察""内战内行，外战外行"（也因为不知是否在说我）之类的，因为科学并无内外之分，只有对错之别，是错就该纠正。其实，我自己文稿中也会有错误的地方，只是因为没有听到批评，使我盲目"优越"了几十年。

不过，我批评别人不点名，因为我"对事不对人"。但是我这辈子确实做了一件变相点名指出别人科学错误的事。那是1998年，某出版社请我主编一本书（丛书之一），收集近些年发表的气象学方面的新的优秀科普文章。我在国家图书馆蹲了约一个半月，找到数十篇文章。但是具体编时仔细一看，却几乎都有缺点甚至错误。于是我向出版社提出了一个无理要求，希望我可以在文章后加"主编批注"。这样既可宣传普及了这些文章，又指出了其中错误。否则，我不敢当这个主编，怕读者背后戳我的脊梁骨："这人都这么大把年纪了，连这点问题都看不出来！"出版社不顾"后患"风险，竟然同意了我的这个"无理"要求。不过，此事虽然事出有因，又情有可原，但是结果却是不折不扣的点名批评！例如其中有一篇关于吉林雾凇的文章，犯了最关键的科学性错误，即把雾凇的成因说成了霜的成因（只因其他方面均极好才不舍丢弃，以为只要文末加上主编批注补救，该文就完美了）。设身处地，这种点名批评后果造成的伤害是巨大的。以前我一直认识不到，还曾以"我国历史上第一本有批注的科普书"而自诩。我现在深深地检讨。这倒不是"人之将'死'，其言也善"，而是一个人对错误的认识有一个过程，因此，应该允许别人犯错误。我甚至想到，当我"神圣地"进行这种不自觉的"点名"批评、纠错时，一定会影响许多新人的积极性。新人谁能保证无错？真是过莫大焉。

我的感悟还多。但离题渐远，就此打住。

林之光于中国气象局

2019.2.27，北京